개발도상국 지하수 개발

Groundwater Development

개발도상국 지하수 개발

Groundwater Development

손주형 지음

머리글

　오래간만에 10년 된 지하수 원고를 꺼내어서 작업을 시작했다. 지하수를 전공한 사람으로서 지하수 관련 책을 적기는 너무나 어려운 일이었다. 내용을 적다가 보면 꼬리에 꼬리를 물고 중요하다는 것들이 계속 생각나고, 하나씩 적다 보면, 내용의 깊이가 점점 깊어지기 때문에 다른 분야의 책을 적을 때보다 훨씬 더 많이 고민하게 되었다. 10년 전에 이 책의 시작은 Manual Drilling(인력 관정 개발) 관련 책을 보고, 우리나라에도 소개하고 싶었고, 국내 전문가들도 이 정도는 알고 해외에서 일을 하는 것이 좋지 않을까, 라는 생각에 PDF 파일로 만들었다. 그때는 개발도상국에서 지하수에 관한 국내 기술자들이 지금처럼 많지 않았고, 해외 지하수 관련 지역이 아프리카 지역으로 집중되고 있어, 개발도상국에 관련된 자료가 많이 필요하지 않은 것도 현실이었다.

　10여 년이 지난 지금 인력 관정 개발(Manual Drilling)로 적었던 원고를 갑자기 꺼내게 된 것은 지하수를 전공으로 한 전문가로서 다른 분야에 많은 책자를 적었지만, 개발도상국 지하수 관련 자료를 국내에도 만들어 두어야 될 것 같다는 의무감이어서이다.

　처음에 작성했던 원고는 인력 관정 개발에만 국한되어서 적었지만, 이번에 원고를 작성하면서, 국내 전문가들이 개발도상국에서 많이 수행하는 고성능 장비를 활용한 지하수 개발을 포함하였다. 최근의 지하수 개발 내용을 정리하면서, 10년 전의 GPS 장비는 스마트폰으로 대체하였고, 스마트폰 앱도 소개하였다. 드론의 등장이나 개발도상국에서 중국제 장비 확산 등의 많은 변화를 반영하였다.

　개발도상국 지하수 개발의 큰 변화는 중국에서 생산된 자재, 착정 장비, 조사 장비, 펌프, 태양광 패널 등 광범위한 중국제품들을 활용하면서 지하수 개발 단가가 많이 내려오게 되었고, 많은 개발도상국에 중국 건설회사 진출로 10여 년 전에는 기존 선진국 제품을 이용했던 로컬회사들이 주를 이루고 있었다면, 최근에는 중국인이 경영하는 로컬회사에서 지하수 시공하는 사례가 많아졌다.

또한 최근에 전반적으로 느끼는 위기는 기후변화이다. 지역에 국한되는 극심한 가뭄과 극심한 홍수로 인해서, 지표수를 이용하던 기존의 시설들은 기후변화 대응에 너무나 취약하다. 기후변화의 위협이 높아질수록 지하수의 수요는 많아질 것이다.

이 책의 주요 목표는 개발도상국 프로젝트에서 지하수 개발이 포함되어서, 지하수 관련 기본 이론과 로컬지하수 업체와 소통이 가능하도록 기본적인 지식을 제공해 주는 목적으로 다양한 자료를 소개하였다.

이번 원고를 적으면서, 가장 고민한 사항이 너무나 잘 나와 있는 책자나 동영상이 많은데, 과연 내가 책자를 적는다는 것이 무슨 의미가 있을까였다. 이런 고민은 많은 사람들이 내가 공부할 때 보았던, 수많은 책자나 동영상을 이해하기 편하도록 소개해 주고 싶다는 생각에 추천해 주고 싶은 많은 참고도서를 표시했다. 이 책은 개론서로 다양한 것을 이해하고, 좀 더 자세한 내용은 참고도서나 동영상을 보면 더 많은 지식을 얻을 수 있을 것이다.

내가 적는 이 내용들이 과연 몇 사람에게 도움이 될지는 정말 모르겠지만, 내가 들인 노력보다 여러 사람이 다양한 혜택을 본다면 내가 들인 시간과 노력에 보람을 느낄 수 있을 것이다. 책을 적다가 보면 내가 가진 지하수 지식을 정리하는 책들이지만, 가끔 전혀 예상하지 않은 사람들이 책자를 접하고, 도움이 되었다는 소식을 알려줄 때 내가 하는 작업에 무한한 즐거움을 느낀다.

"지식은 공유할수록 점점 더 넓어지고, 더 여러 가지 지식을 탐구하는 원동력이 된다."라는 신념으로 오늘도 내가 가진 조그마한 지식과 경험이 개발도상국에서 어떻게 시작할지 모르는 미지의 전문가에게 도움이 되길 바란다. 많은 전문가가 개발도상국에 지하수를 개발해 주었을 때, 주변에서 몰려들어 수많은 사람이 기뻐하는 모습을 보면서, 내 지식과 땀들이 이 사람들의 생활에 커다란 변화를 줄 수 있다는 보람을 느낄 수 있는 기회를 가질 수 있으면 좋겠다는 생각으로 머리말을 마친다.

2024년 9월

손주형

목차

제3장 재래식 우물(Hand-dug well)

제4장 제팅(Jetting) 방식

제5장 타격(Percussion) 방식

제6장 오거(Augering) 방식

제7장 슬러징(Sludging)

제8장 고심도 지하수 개발 사례

제9장 지하수 개발 사례

제10장 수질기준

표

그림

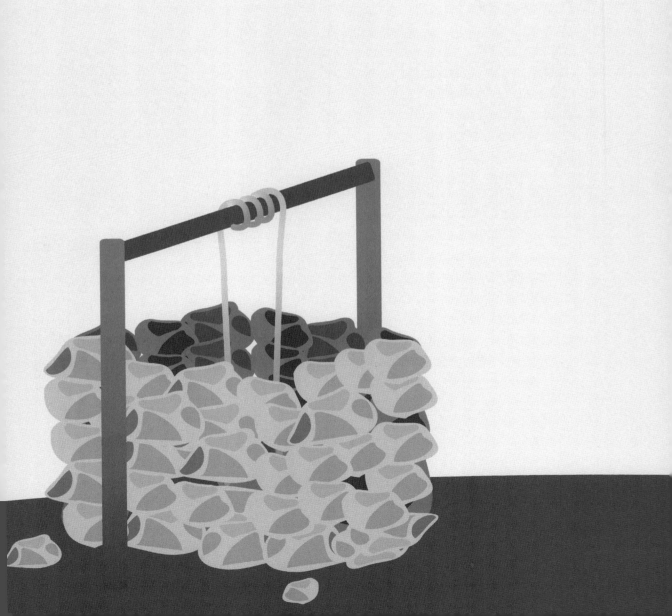

제1장

개 요

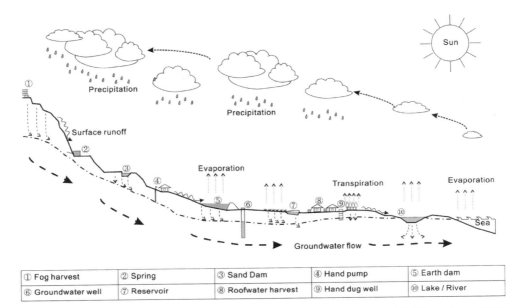

(Adapted from John Gounld and Erik Nissen-Petersen, 1999)

① Fog harvest	② Spring	③ Sand Dam	④ Hand pump	⑤ Earth dam
⑥ Groundwater well	⑦ Reservoir	⑧ Roofwater harvest	⑨ Hand dug well	⑩ Lake / River

그림 1.1 물 순환과 이용

지구상에서 움직이는 물의 형태와 우리가 사용할 수 있는 용수 이용 형태는 그림 1.1과 같다. 모든 용수는 구름에서 만들어진 빗물이 어떤 곳을 통하거나 어떤 방법을 사용하느냐에 따라 이용 형태가 달라진다. 하늘에서 내리는 비를 이용하는 빗물집수(RWHS, Rain Water Harvesting System)로부터, 지표면에 흐르는 물을 이용하는 샘물(spring), 지표에서 물을 인공적으로 가두는 저수지(reservoir)나 댐(dam), 땅속을 흐르는 지하수(groundwater)를 이용하는 관정(well), 증발한 공기 중 습기를 이용하는 안개 집수(fog harvesting) 등 지역과 여건에 맞는 다양한 형태로 물을 이용할 수 있다.

1.1 지하수 이용

지하수는 지하공간을 채우고 있는 물로서, 지표수에 비해서 깨끗하고, 우기 · 건기에도 물량의 변화가 적은 장점이 있다.

지하수 개발은 땅속에 있는 지하수를 지하수면까지 파이프와 같이 빈 공간을 만들어 내려가야 한다. 사람이 곡괭이나 삽으로 지하를 파고 들어가고, 비워진 공간의 벽면에는 돌과 같은 단단한 물체로 파놓은 공간이 무너지지 않도록 하는 재래식 우물(manual digging well)이 가장 전통적인 방식이다. 이보다 발전된 형태는 수동 공구처럼 간단한 기구나 기계를 활용하여 만드는 인력 기계 관정(manual drilling well)으로 지역적인 특성에 따라 간단한 기계와 도구로 지하 50m 이내까지 굴착이 가능하다.

고성능 기계 굴착은 복잡한 기계를 사용하기 위해 많은 연료를 사용해야 하며, 각종 기계류, 부대 장비 등으로 인해서 큰 비용이 필요하다. 고심도 관정은 예산이 많이 필요하지만, 수질의 변화 없이 많은 물량으로 마을 단위로 여러 사람이 이용할 수 있다. 그렇지만, 인력기계 관정은 많은 물량은 아니지만, 이용자와 가까운 지역에서 소규모 가구를 대상으로 혜택을 줄 수 있어, 다양한 지역에서 활용되고 있다.

같은 예산이라면 개발비용과 유지관리의 편의성 등을 고려하여 인구가 밀집되어 있는 지역에서는 고성능 착정기를 이용한 깊은 관정(Deep Well)이 적절하고, 농촌이나 산간 지역과 같이 소규모 가구들로 흩어진 곳에서는 인력 개발 관정을 여러 곳에 개발해서 많은 사람에게 혜택이 돌아가는 것도 하나의 접근방법이다.

고성능 기계관정은 실패할 때 큰 손실 비용이 발생하지만, 인력기계관정은 실패하더라도 큰 비용이 나가지 않기 때문에 위험요소가 상대적으로 적다. 지하수 개발에는 물량과 비용 등을 검토하여 어떤 형태의 지하수를 이용할 것인지를 결정해야 한다.

이 책자는 지하수 개발을 중심으로 기술하였고, 개발도상국에서 사용하는 펌프, 물탱크, 이용시설 등에 대해서는 "개발도상국 식수개발(2016, 한국학술정보)"을 참고하면 된다.

1.2 지하수 개발 구성 요소

그림 1.2 지하수 개발 3요소

지하수 개발 구성 요소는 파쇄(break), 제거(remove), 지보(support)로 구분할 수 있다. 대부분 지하수 개발 공법은 3가지 요소를 어떤 방법을 이용하느냐에 따라서 다양한 공법으로 나누게 된다.

파쇄(break/loosing)는 땅속 지층이나 암석을 파괴하거나 이완시키는 과정이다. 파쇄 방식은 해머(hammer)처럼 무거운 물체로 충격을 가해서 암석을 파괴하거나, 무거운 압력으로 단단해져 버린 지층을 오거(augur)나 뾰족한 도구로 느슨하게 하거나 부수는 작업을 한다. 파쇄된 지층을 점점 작은 조각으로 쪼개어 제거(remove/clean)하기 쉬운 크기가 되도록 한다.

제거(remove/clean)는 파쇄된 각종 암석 조각이나 토양을 지상으로 배출하는 과정이다. 파쇄된 찌꺼기를 제거하기 위해서는 오거(augur)나 베일러(bailer)를 이용하여 직접적으로 건져내거나, 물을 강제로 순환시키거나 압축공기를 땅속에 집어넣어서 찌꺼기들이 지표면으로 불어내어 배출되도록 한다. 굴착 장비 및 현장 여건에 따라서 다양한 제거 방법을 이용할 수 있다. 제거공정이 원활하게 이루어지지 않으면 파쇄 과정에서 깨진 찌꺼기(슬라임) 등이 파쇄 굴착 도구가 움직이는 공간을 메워서, 비트나 오거(augur) 등의 굴착 도구가 공내에 끼어버리는 재밍(jamming) 현상이 발생할 수 있다. 또한 깨진 찌꺼기가 너무 많이 있으면 파쇄시키는 에너지를 상쇄시켜서 파쇄 효율을 줄일 수 있다.

지보(support)는 지층이 파쇄되어 제거된 공간(hole)이 무너지지 않도록 유지하는 과정이다. 단단한 암석으로 이루어진 곳에서는 별도의 지보가 필요 없지만, 토양이나 모래나 자갈처럼 느슨한 지층이 있는 곳에서는 확보된 공간이 무너지지 않고 유지하는 작업이 필요하다. 지보를 위해서는 뚫어지는 공간 크기를 확보하기 위해서 다양한 크기의 PVC 파이프, 철제파이프, 콘크리트관, 벽돌 등을 이용하여 무너지지 않도록 지층과 공(hole)의 벽을 만들 수 있다. 굴착 과정에서는 파이프와 같은 지보 없이도 공(hole)의 수위를 유지하기 위해서 지속적으로 물을 공급함으로써, 수압을 이용하여 공벽을 유지하는 지보 역할을 할 수도 있다. 작업 수위 변동이 발생할 때 무너짐이 발생할 수 있으므로, 굴착 중간에 작업을 멈추더라도 물을 공급해서 작업 수위가 변동되지 않도록 한다.

지하수 개발 구성 요소를 세부적으로 설명하면 표 1.1과 같다. 이러한 과정으로 만들어진 지하공간(hole)은 PVC 파이프 등으로 영구적으로 이용할 공간을 확보하여, 펌프를 설치해서 지하수를 이용할 수 있다.

표 1.1 지하수 개발 구성 요소

구분	세부구분	내역
파쇄 break/ loosing	충격식	정, 비트(bit), 해머(hammer)와 같은 강도가 있는 물체로 지층에 충격을 가함
	회전식	비트를 회전시켜 암석을 갈아내는 방식으로 암석을 파쇄함
	고에너지 충격식	회전을 동반하면서 고압 에어 등을 이용해서 해머 비트 등으로 충격을 가함
	저에너지 충격식	물 등을 쏘아주는 방식으로 지층을 약화하는 충격을 가함
제거 remove/ clean	비동기식	굴착작업 중 굴착을 중단하고, 오거나 슬라임 제거 도구를 이용해서 암석 파편을 제거함
	동기식	굴착 과정에서 깨진 슬라임을 진흙, 고압 공기, 물 등을 이용해서 제거함
지보 support	내벽	PVC 파이프, 철제파이프, 콘크리트 링, 진흙 등과 같은 첨가물을 이용해서 일시적이나 영구적으로 공이 무너지지 않도록 함
	압력관리	공 내부를 물이나 유체가 수두를 유지하므로 공이 무너지지 않도록 함

1.3 지하수 관정 구분

　지하수 관정은 심도에 따라 구분하거나, 어떤 장비를 이용하느냐에 따라 구분할 수 있다. 원칙적인 구분 방법은 별도로 정해져 있지 않다. 또한 영문의 명칭들도 제각기 나라마다 다르게 사용하고 있어서, 정확한 통일된 기준이 없다고 보는 것이 맞다. 지역적 특성이 다양해서 국제 구분 기준은 없고, 국내에서 통용되는 기준에 따라서 구분하였다. 국내에서는 200m 이상 관정 개발만 고심도로 보지만, 산악지역으로 이루어져 보통 200m 이상을 개발하는 국가에서는 200m 관정을 고심도 관정으로 보지 않는다. 이렇듯 지역적, 상대적으로 용어를 사용하고 있으므로, 사업지역에 통용되는 단어를 사용하는 것이 타당하다.

　지하수를 개발하는 파쇄 장비를 사용할 때 현대식 고성능 장비를 이용하는 굴착을 고성능 기계 굴착(rig drilling)이라 하고, 모터나 간단 기계장치를 제작하여 작업하는 굴착을 인력 기계 굴착(human powered(or manual) powered drilling)이라 하고, 망치와 정, 삽, 곡괭이 등을 활용한 것을 인력굴착(hand digging)으로 본다면, 표 1.2와 같이 구분할 수 있다.

표 1.2 지하수 관정 구분

구분	고성능 기계 굴착 rig drilling	인력 기계 굴착 human powered drilling	인력굴착[1] hand digging
안정수위(m)	0~200	0~40	0~30
관정심도	0~200[2]	0~50	0~35
지질학적 개요	암반을 포함한 모든 지층	Sand, clay, 연약층	clay, 연약층, 암반층
공사비용	> $10,000	$400~2,500	$2,500~10,000
접근성	중장비가 접근 가능한 도로 필요	접근성 우수	접근성 우수
공사기간	1~14일	1~14일	30~90일
공사가능 기간	연중 (장비 진입이 가능하면)	연중 (건기 선호)	건기에만 가능
장점	안정적인 물량공급 수질 상대적 좋음	기술자 수급용이 저렴한 비용	기술자 수급용이 저렴한 비용
단점	비용	건기에 물량감소	물량 확보, 수질 취약

---

1) Clay, 연약층, 모래층은 콘크리트 링(concrete ring)이나 드럼통 등으로 무너지지 않도록 케이싱을 설치한다.

2) 굴착 장비 성능에 따라 고심도(500m 이상)까지 개발할 수 있다.

개발 비용적인 부분을 검토해 보자면, 같은 용수공급 형태이지만 지역마다 커다란 차이가 있어서 비용 산출이 쉽지 않지만, CRS(Catholic Relief Services, 2009)에서 상호비교를 위해 제시된 개발비는 표 1.3과 같다.

표 1.3은 2001년 기준 금액을 산출한 것으로, 단순 비교를 할 때 이용하도록 하였다. 개발과 운영에 많은 부분을 차지하는 2001년의 유류가격은 현재 유류가격과 많은 차이가 있고, 현재 유류가격 이외에도 각종 자재의 가격이 많이 상승하였을 것으로 판단된다.

표 1.3에 나타낸 비용은 단순 비교를 위해 사용하고, 실제 개발을 하고자 할 때는 현지시장조사를 거쳐 비용을 산정해야 한다. 제시된 금액은 관정을 개발하고 펌프를 설치하는 것으로 이루어져, 장거리 파이프 공사나 부대 비용은 포함되어 있지 않다. 그리고 지역마다 다양한 요구가 있고, 필요한 시설이 있으므로 정확한 설계를 통해서 적용하여야 한다.

아프리카 지역이 아시아 지역보다는 더 큰 비용이 소요되므로 예산 수립에 유의해야 한다. 국내와 같이 아시아에 대한 경험이 많은 기술자들은 아프리카나 남미 등에서 예산을 수립할 때는, 동남아에서 수행했던 해외 경험이 오히려 실제 투입되는 예산을 수립하거나, 공정계획을 작성할 때 오류를 발생시킬 사례가 많이 있다.

표 1.3 용수별 대략 개발비용(2001년 기준)(CRS, 2009) [부대공사 미적용]

Pump Type 펌프 종류	Targeted people per source 이용자 수	Investment cost (USD) 투입비용	Investment cost per capita (USD) 1인당 소요비용	Yearly maintenance cost (USD) 관리 비용	Running cost per m³ of water pumped (USD) m³투입비용
Hand-dug well* 재래식 우물	150~200	900~ 1,500	5~10	15	0.06
Dug well with hand pump 재래식 우물 /핸드 펌프	200	2,400~ 3,000	12~15	45	0.11
Hand-drilled borehole with hand pump 기계우물/핸드 펌프	300	3,600~ 4,500	12~15	45	
Machine-drilled borehole with hand pump 기계관정/핸드 펌프	300	1,000~ 1,500	20	50~120	0.14
Borehole with windmill and pump 관정/풍력펌프	500~ 2,000	35,000~ 85,000	18~170	1,600	0.10
Borehole with electric pump 관정/전기펌프	1,000~ 5,000	40,000~ 85,000	8~85	4,000	0.11
Borehole with diesel pump 관정/발전펌프	500~ 5,000	40,000~ 85,000	8~170	5,000	0.22
Borehole with solar pump 관정/태양광펌프	500~ 2,000	35,000~ 85,000	18~170	1,600	0.10

* 외부에 노출된 용수는 오염에 취약하여 깨끗하지 못한 물을 먹을 가능성이 높다. 이는 단순 비교일 뿐 수질에 관련된 고려가 필요함.
주의 : 2001년 비용으로서, 유류(diesel), 전기료(electricity cost) 등이 많이 상승하여 전반적으로 단가 인상이 되었을 것으로 추정
됨. 대륙별, 지역별로 많은 차이가 있음. 이 표는 공법별로 단순 비교를 위한 자료로 적용된 것으로, 실제 예산 수립 적용에
는 한계가 있음.
전기 인입을 위한 수수료는 거리에 따라 비용이 산출되고, 관로 공사비용, 분배시설 설치 등의 부대공사는 포함되어 있지 않
으므로 적용에 유의할 것

1.4 인력 개발 관정 구분

　전통적인 방식인 지름 1m 이상으로 사람이 우물을 파는 방식이 아닌, 간단한 기계와 도구를 이용하여 사람이 직접 굴착하는 인력 개발 관정(human-powered drilling)이다. 인력 개발 관정 방법은 원리에 따라 크게 4개로 구분되고, 지역 지질 특성에 적합하게 3가지 요소(파쇄, 제거, 지보)를 각각 다른 방법으로 개발되었다.

　첫 번째, 오거(auger) 방식은 지표면 하부에 구멍을 내거나, 흙을 끄집어내는 나사 형태의 도구로 오거를 이용한 방식이다. 두 번째는 타격(percussion) 방식으로 해머(hammer)와 같은 단단한 물체로 지하 지층을 부수고, 슬러지(깨진 암석 조각)를 제거하는 방식이다. 세 번째로는 슬러지(sludge) 방식은 굴착 비트(bit)와 연결된 로드(rod) 사이에 작업 수위를 유지하며 지층을 파쇄시키면서 압력차를 이용하여 로드 내부로 물과 깨진 슬러지를 지상으로 제거하는 방식이다. 네 번째는 제팅(jetting) 또는 세척(washing) 방식은 펌프를 이용하여 물을 로드 내부로 쏘면서 지층을 파쇄하면서 깨진 조직들을 로드와 공벽 외부로 배출시키는 방식이다. 구분하는 방식들은 모두 파쇄(break/loosing)와 제거(remove/clean)의 방식을 어떻게 적용하느냐에 따라 차이가 있다.

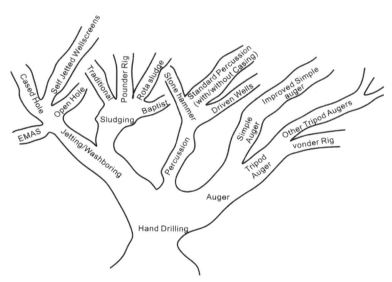

그림 1.3 Hand Drilling Family(Kerstine, 2009)

4가지 방식(오거, 충격, 슬러지, 제팅)에서 조금씩 변형하면서 그림 1.3과 같이 다양한 방식들로 개발되었다. 파쇄 효율을 올리고, 지보(support) 방식에 다른 재료와 방법을 이용함으로써 다양한 공법으로 개발된다. 표 1.4는 각각의 방법에 대해서 파쇄, 제거, 지보 방식과 굴착 구경과 굴착 가능 심도를 나타낸 것이다. 지하수 개발 지역의 주로 사용하는 개발 방식을 조사하여 적합한 방법을 적용하면 된다.

표 1.4 굴착 방법 구분

방법	파쇄 (break)	제거 (clean)	지보 (support)	구경 (mm)	심도 (m)
인력 관정 (Hand-digging)	망치, 정, 곡괭이, 폭약 등	양동이, 삽, 로프로 인양	돌, 철제, 목재, 콘크리트 등	1,000~1,500	20
오거(augering)	회전 오거, 철제파이프 등	오거로 주기적으로 제거	플라스틱, 철제 케이싱	50~150	20
충격(Percussion/ Stonehammer)	인력으로 무거운 해머를 올렸다가 떨어뜨리는 자유낙하 파쇄	베일러(bailer)를 이용한 주기적인 제거, 인양	임시 지보	50~200	15
슬러징(sludging) Rounder rig, Rota sludge	철제파이프와 비트의 상하 왕복운동을 통한 파쇄	파이프(rod) 사이로 올라오는 물과 슬러지의 펌핑현상	충분한 작업 용수에 따른 수압을 이용한 지보	50~100	30
Baptist drilling	PVC 파이프와 하단 3m 철제파이프(rod) 상하 왕복운동			32~150	30
제팅(Jetting/ Washing)	펌프로 공급되는 물의 쏘아주는 효과를 통한 세척	파이프 내부로 유입되는 물로 지표로 방출되는 현상	주로 수압을 이용해서 지보를 하지만, 모래층에서는 임시 지보	100~150	6~10
EMAS drilling	물을 쏘아주는 효과와 철제파이프의 상하 왕복운동		충분한 작업 용수에 따른 수압을 이용한 지보	50	30
Conventional methods (small and large rigs)					
Cable percussion 케이블 낙하충격식	자유낙하로 분쇄나 제거할 지층까지 관입	주기적인 파쇄기나 베일러의 공간을 이용한 제거	철제 케이싱, 점토, 수압 등을 임시로 사용	100~300	200 이상
Mud rotary 이수 회전식	드릴비트를 이용한 저속 회전을 통한 이수의 순환	이수 순환에 따른 공내 상부 방출	이수를 통한 수압 지보	100~300	200 이상
Down-the-hole hammer 하향식 해머 방식	고압 공기로 해머비트 저속 회전 및 고속충격으로 암석 파쇄	고압 에어를 통한 슬라임 외부 방출	무너지는 지층에서 철제, 플라스틱 케이싱 등	100~300	200 이상

그림 1.4 인력 기계 굴착 Baptist Drilling(Terry Waller, 2008)

1.5 지하수 부존 지역

지하수는 지하수위가 높은 곳에서 낮은 곳으로 흘러간다. 대부분의 지하수위는 지표면 표고와 비례하고 있어, 넓게 보면 표고가 높은 지역에서 낮은 지역으로 흘러가는 방향에 있다고 보면 된다. 지하수를 함유한 지층을 대수층(aquifer)이라고 부른다. 지하수는 이 대수층의 형태에 따라서 지하수의 양수할 수 있는 산출 수량(yield)을 확보할 수 있다. 물이 잘 흐르면서 넓고, 두꺼운 지층을 찾아서 개발하는 것이 지하수를 개발하는 중요한 관점이 된다.

대수층의 가장 기본적인 형태는 그림 1.5와 같다. 그림 1.5는 물의 유입이 가능한 늪(swamp)이나 호수(lake)에 연결된 대수층으로 가장 개발하기 쉬운 대수층 단면이다. 이러한 충적층 대수층은 모래(sand)나 자갈(gravel)과 같이 지하수 이동이 쉬운 지층으로 이루어진다.

그림 1.6은 지층을 이루는 층들은 다양한 지층들이 있는 경우로서, 지하수가 잘 통하는 모래(sand)나 자갈 지층이 있고, 그 사이에 물의 이동이 적은 점토(clay)층이나 실트(silt)층이 있는 경우로 가뭄 등에 취약할 수 있는 구조이다. 서로 연결성이 짧은 지층들의 경우 주변에 있는 관정 개발자료를 청문이나 수집자료로 분석하면, 개략적인 대수층 형태를 파악하면서, 여러 후보지 가운데 어느 곳을 개발하는 것이 가장 성공 가능성이 높을지를 판단할 수 있다.

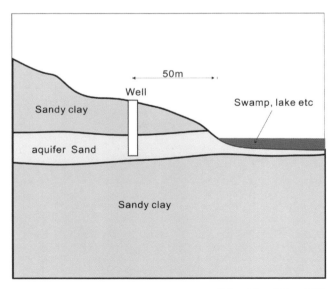

(Adapted from Oxfam, 2000)

그림 1.5 대수층을 형성하는 지층구조(Ⅰ)

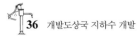

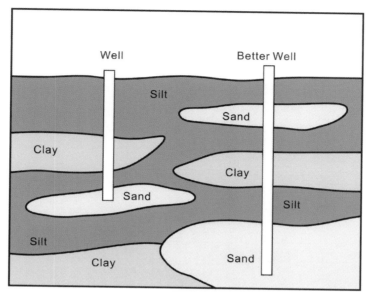

(Adapted from Oxfam, 2000)

그림 1.6 대수층을 형성하는 지층구조(Ⅱ)

    그림 1.7은 강이 흐르면서 오랫동안 흐르는 방향이 조금씩 변화가 발생한다. 한쪽 면은 계속해서 깎이면서 흐르고, 한쪽 면은 퇴적이 지속해서 이루어진다. 이렇게 퇴적과 침식이 동시에 발생하면서, 오랫동안 지속적인 유로가 변경되면서, 갑작스러운 홍수가 발생할 때는 가장 가깝거나 약한 방향으로 강 흐름 방향이 바뀌는 경우가 발생하거나 흐름 방향이 양쪽으로 나뉘다가 물의 유입이나 유출이 작아지는 곳이 점점 막혀 버리고, 새로운 유로를 형성하기도 한다.

    그림 1.7의 상부 그림과 같이 소의 뿔처럼 생긴 구하상(old riverbed) 부분을 우각호(ox-cow)라고 부른다. 우각호에서는 퇴적된 모래나 자갈층으로 강과 연결된 대수층이 형성되므로, 옛날 하천상(old river course)이었던 지점은 충적층 지하수를 개발하는 좋은 위치가 된다.

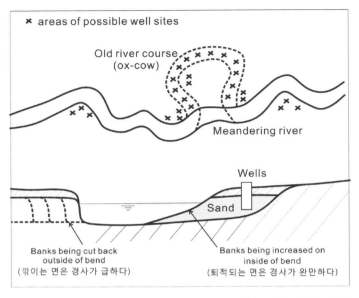

× areas of possible well sites

Old river course
(ox-cow)

Meandering river

Wells

Sand

Banks being cut back
outside of bend
(깎이는 면은 경사가 급하다)

Banks being increased on
inside of bend
(퇴적되는 면은 경사가 완만하다)

(Adapted from Oxfam, 2000)

그림 1.7 구하상 지하수 개발 위치

구하상

그림 1.8 구하상 항공사진(케냐)

1.6 지하수 개발 위치 선정

　대부분의 지하수 개발 위치는 마을 주민이나 이용자가 원하는 지역을 중심으로 검토가 된다. 전문가로서는 크게 지하수 관정의 오염에 대한 위험이 없는 지점, 지하수 산출 가능성이 높은 지점, 지하 지층 구조가 적절하면서, 장비 진출입 및 작업 부지가 확보되는 지점을 중심으로 검토하여 수요자와 협의하여 결정된다.

　굴착 위치 결정을 위해 가장 권장하는 방법은 사전 조사로써 프로젝트 지역의 지하수 개발 현황과 지층 개발자료를 획득해야 한다. 지하수 성공 실적과 실패 실적을 종합하여 분석하면 지하수 성공 가능성을 높일 수 있다. 지하수 개발 실적이 전혀 없는 지역에서는 프로젝트 지역과 가장 가깝거나, 지형적인 여건이 유사한 곳의 지하수 개발 자료를 획득하는 것도 도움이 된다.

　표 1.5는 지하수 개발 위치를 선정하는 단계이다. 이 순서대로 하는 것은 아니지만, 비슷한 단계와 주요 검토 내용을 종합적으로 분석하여 지하수 개발 위치의 우선순위를 정하면 된다.

표 1.5 지하수 개발 위치 선정 단계

단계	내용	주요 검토 내용
1단계	사전 조사	주변 지하수 개발 실적 및 지하수 관정 현황 및 주요시설 및 오염원 등
2단계	수질 영향 인자 검토	오염원과 수질 영향 가능성 배제
3단계	이용 시설 검토	주변 이용 시설 및 급수 주민 현황
4단계	수리지질도 수집 및 검토	정부 기관의 수질 지질도 지하수 현황 파악
5단계	지하 지층 탐사 (수직탐사, 수평탐사 등)	지하 지층에 따른 지하수 개발 가능성이 높은 구역 선정
6단계	개발 방법 선정	적정한 개발 방법 선정

1.6.1 사전 조사

수많은 지하수 현장에서 사전 조사(Preliminary investigation)는 지하수 개발에 성공하는 중요한 요건이 된다. 사전 조사와 더불어 지역적인 현황을 파악하는 것이 중요하다. 현지 경험이 있는 로컬기술자를 만나기 어렵다면, 마을 원로나 주민들의 의견을 청취해서 지하수 자료를 축적해야 한다.

마을 단위로 사전 조사를 할 때는 마을에 있는 기존 관정 위치와 개발 방법, 개발 심도, 지하수위, 수질 등을 파악하고 그림 1.9와 같이 마을 전체를 스케치한다. 사전 조사에서 기존의 우물들 이외에도 도로, 민가, 커다란 나무, 쓰레기 투기 장소, 배수로, 하천 등 수질에 영향을 미칠 수 있는 요소를 표시한다.

최근에는 인공위성에서 위치를 파악하는 스마트폰 GPS 앱(app)이나 구글 인공위성 영상, 드론 영상 등을 이용하면 마을 전체 현황과 급수 노선을 파악하고, 전반적인 지형을 파악하는 데 도움이 된다.

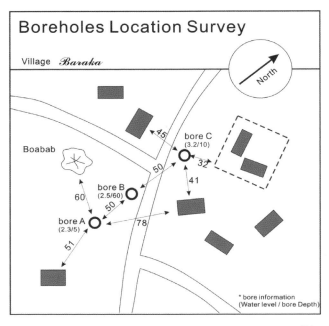

(Adapted from Oxfam, 2000)

그림 1.9 사전 조사도

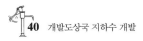

1.6.2 수질 영향 인자 검토

개발도상국의 많은 지역에서는 정화조가 없는 비위생 화장실을 사용하고 있으므로, 지하수를 개발할 때는 비위생 화장실에서 발생하는 오염원이 지하로 유입될 것을 방지하기 위해서 화장실과 떨어진 거리를 두어야 한다.

지하수 개발 위치가 재래식 비위생 화장실과의 거리가 멀수록 좋지만, 최소 30m는 떨어질 것을 권장하고, 거리가 가까운 곳에서 부득이하게 설치한다면, 지하수 상부 굴착 구간에 시멘트나 점토와 같은 물질로 오염방지 그라우팅을 철저하게 시공하거나, 잠재 오염원인 재래식 비위생 화장실을 정화조 설치하는 방법으로 개선할 수 있다.

재래식 화장실에서 거리가 가까울수록 오염 가능성이 커지지만, 위생 화장실로 개선한 지역이라면 화장실 상태에 따라서 떨어진 거리를 유연하게 판단하면 된다.

그림 1.10은 재래식 화장실에서 영향반경을 만들어서 오염에 영향을 많이 받을 가능성을

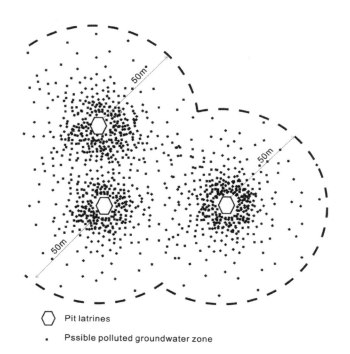

◇ Pit latrines

▪ Pssible polluted groundwater zone

(Adapted from Oxfam, 2000)

그림 1.10 재래식 화장실 오염확산 가능성

도식화한 것으로 재래식 화장실에서 멀어질수록 오염 가능성은 작아진다.

표 1.6은 다양한 잠재 오염원에 따른 우물의 최소 권장 거리이다. 권장 거리가 절대적인 거리가 될 수 없지만, 충적층 지하수를 이용해야 할 때 고려할 것을 권장한다. 다만, 국내와 같이 충적층의 오염방지를 위해서 상부 그라우팅을 하는 고심도 관정일 경우에는 거리에 대한 영향을 크게 받지 않는다.

표 1.6 건물이나 시설에 따른 우물의 최소 권장 거리(Seamus Collins, 2000)

구분	우물과 최소 권장 거리(m)	비 고
공공 쓰레기 매립장	100	
농약, 비료, 주유소	100	
공동묘지	50	
도살장	50	
주거 주택	10	
재래식 화장실	30	
사설 생활 쓰레기 매립장	30	
대형 나무	20	
도로, 철도, 활주로	20	
강, 하천	20	
빨래터	20	

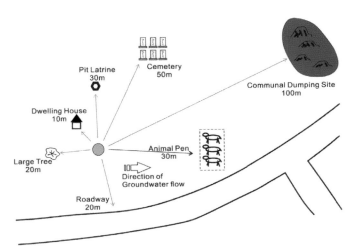

(Adapted from Seamus Collins, 2000)

그림 1.11 우물과 오염원과 권장 거리

지하수는 지하수위가 높은 곳에서 낮은 곳으로 이동한다. 지하수 유향계로 지하수 흐름 방향을 측정하지 않더라도, 사업지역 지하수위와 표고를 정확하게 조사한다면 지하수 흐름 방향을 추정할 수 있다. 현장에서 정확한 조사가 어렵다면, 광역적으로 주변의 산이나 하천 등의 지형 구배를 보면 지하수 흐름방향도 비슷할 것으로 예측할 수 있다.

오염원이 주변에 있다면 지하수 흐름을 고려해서 개발할 수 있지만, 이용 과정에서 많은 양의 지하수를 양수하면 관정 주변의 지하수위가 낮아지고, 펌프 작동이 있는 지점으로 인 위적인 지하수 흐름이 발생한다.

일반적으로 양수량이 많지 않은 인력 개발 관정이라면 50m 이내 주변 지역의 지하수 흐 름방향을 검토하는 것은 무의미할 수도 있다. 지하수 이용량이 많지 않을 때는 지하수의 흐 름방향보다는 주변의 오염원을 보는 것이 적정하고, 이용량이 많은 경우에는 광범위한 오 염 현황을 보는 것이 필요하다.

오염물질과 지질 특성에 따른 지역마다 차이가 있지만, 화학적 오염물질은 약 100m 정 도로 흐르는 과정에서 자정 작용이 가능하다. 그림 1.12와 같이 지하수 흐름에 따른 오염 영 향 구간을 산정할 수 있다.

주변에 공장이나 쓰레기 매립 지역, 중금속 등의 오염원이 있다면, 상부 대수층 오염에 취 약한 얕은 우물보다는 수질 안정성이 확보되는 용수개발을 고려해야 한다. 오염원과 수질 과의 관계는 지역 및 지층에 따라 많은 차이가 나므로, 거리가 충분히 확보되지 않을 경우, 전문가 도움을 받아서 시공 방법을 보완하면 된다.

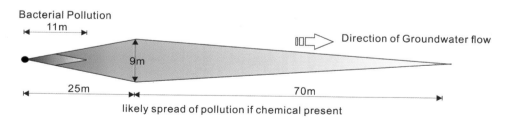

(Adapted from Oxfam, 2000)

그림 1.12 오염원에 따른 지하수 오염 가능 거리

1.6.3 이용 시설 검토

일반적으로 지하수를 개발하는 지점을 그늘이 있는 곳에서 작업하고, 이용 시설을 설치하는 것을 원하지만, 고심도 관정을 제외하고는 재래식 우물이나 수동펌프가 설치되는 인력개발 관정들은 그늘보다는 햇빛이 비치는 주변에 지장물이 없는 곳이 좋다.

물을 이용하는 시설은 사람들이 모이기 쉽지만, 모기의 서식지가 되고, 지나가는 동물이나 조류의 접근 등으로 미생물이나 병원균에 쉽게 노출될 수 있다. 또한 우물 근처에서 샤워나 빨래를 하면 지속적인 더러운 물들이 우물 인근에서 정체하게 되어서, 수질에 문제를 일으킬 수 있으므로, 태양의 자외선으로 병원균을 소멸하게 하고, 물을 이용하는 과정에서 발생하는 각종 폐수가 바람이나 햇빛에 빨리 건조될 수 있는 곳을 중심으로 지하수 관정의 위치를 결정해야 한다.

또한 주민들이나 이용자의 생활 방식 등을 파악하여, 장기적인 유지관리에 문제가 없는 곳을 고려해야 한다. 부지가 협소하면 향후 용수 이용 시설 인근으로 사용자가 증가하거나 시설물을 개선할 때까지 충분히 고려하여 위치를 선정하는 것이 좋다.

그림 1.13 다양한 이용 시설 설치 현황

1.6.4 수리지질도 수집 및 검토

개발도상국에서도 자국의 전문기관이나 해외원조기관 조사로 토양도, 지하수 관련 수리지질도(Hydrogeology map) 등 다양한 결과물은 보급되어 있는 곳이 많다. 광물자원이 풍부하거나, 오랜 기간 식민지에 있었던 국가일수록 지질자료의 획득이 쉽다. 이런 자료를 활용하면, 원하는 지역을 개발할 때 지하수 개발 방향을 결정하는 큰 도움이 된다. 해외원조기관이나 인터넷 검색을 통해서 자료를 검색하거나, 도면이나 책자 등의 자료는 로컬 지하수 전문가나 공무원의 도움을 받으면 자료 보유 여부 및 현황을 파악할 수 있다.

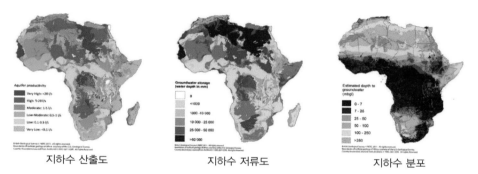

지하수 산출도　　　　　지하수 저류도　　　　　지하수 분포

https://www2.bgs.ac.uk/groundwater/international/africanGroundwater/mapsDownload.html

그림 1.14 아프리카 수리지질도(BGS)

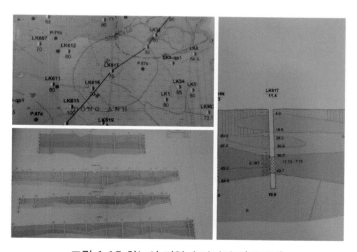

그림 1.15 하노이 지역 수리지질도(베트남)

1.6.5 지하 지층 물리탐사

지하수 개발을 위해 대상 지역의 지하 지층을 알기 위해서는 시추 현장 경험으로 파악할 수 있지만, 지층의 전기적 특성을 고려하여 지하 지층 분포 형태를 간접적으로 파악하여, 지하수 성공 가능성이 높은 지층을 목표로 굴착할 수 있다.

일반적으로 전기비저항탐사는 수평 검층(HEP, Horizontal Electric Profiling)을 통해서, 원하는 지역의 지층을 수평적 분포 현황을 파악하고 수직 탐사 위치를 결정하여, 수직 검층(VES, Vertical Electric Sounding)으로 심도별 지층 분포 현황을 파악함으로써 지하수 개발 목표 심도를 결정하는 참고 자료가 된다.

대부분 이런 조사들은 기술자들이 전문적으로 실시하기도 하지만, 전기비저항탐사와 관련되어서 원리를 활용하여 자체 제작하여 활용하는 방법도 책자와 관련 소프트웨어 앱(그림 2.17)도 보급되어 있으므로 참고할 수 있다.

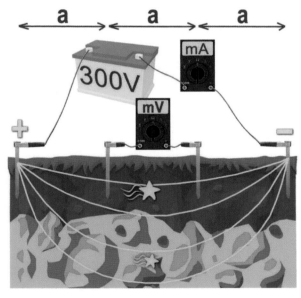

(www.smartcentregroup.com)

그림 1.16 전기비저항탐사 개념도

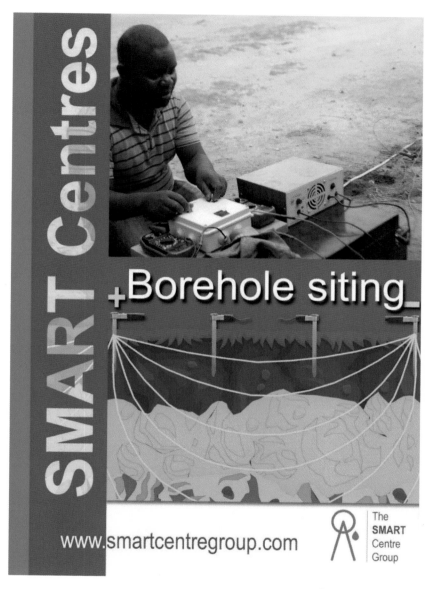

그림 1.17 전기비저항탐사기 제작 및 시추 위치 관련 책자

아무런 자료가 없거나 신뢰할 만한 자료가 없을 때는 다우징(dowsing)도 고려할 수 있는 한 가지의 방법이다. 다우징(dowsing)은 고대부터 광범위한 지역에서 지하수나 광산 등의 다양한 분야에서 적용되었던 전통적인 방법이다.

다우징은 지하에 있는 다른 에너지에 의해서 변화하는 것을 보고, 굴착 위치를 정하는 것이지만, 실제로 지하수의 존재에 의해서 에너지 변화가 생기는지 광물이나 다른 지층의 변화로 생기는지는 알 수 없다. 일반적으로 지하수 개발이 성공하지 못하는 지역에서는 지하에 있는 다른 에너지가 있는 것은 다른 지층이나 지하수의 변동이 있을 수 있으므로, 굴착 위치를 찾는 데 위안이 될 수 있다. 경험이 많은 지하수 기술자는 경험으로 인해서 다우징에서 얻는 변화량을 기존의 물을 찾았던 경험과 대비해서 비슷하다고 판단하고 신뢰하는 경우 흔히 발생한다.

다우징(dowsing)은 많은 지역에서 부담 없이 받아들일 수 있는 가장 저렴한 방법이며, 과학적이지는 않지만, 아직도 많은 부족과 지역사회에서 믿음을 가지고 있으므로, 일반인에게 친밀감을 높일 수 있다.

(Agriculture in Britain - Life on George Casely's Farm, 1942)

그림 1.18 다우징

1.6.6 개발 방법 선정

사전 조사와 대수층 등을 조사한 후에는 어느 정도 굴착 깊이와 어떤 방식으로 지하수를 개발할 것인지 검토해야 한다. 충적층 이외 지층에서 퇴적암을 파기 위해서는 회전 세척 방식(rotary flush)이 적합하고, 연암층을 개발할 때 충격식(percussion)이나 회전 충격식(rotary percussion)과 같이 충격을 주는 방식으로만 지하수를 개발할 수 있다. 기본적인 원리는 다음과 같지만, 지하수 개발 시장에서는 지역적인 지층 상태 및 장비 가용성에 따라 적정한 방식으로 적용하고 있다. 착정 장비를 이용한 굴착 방법은 다양한 업체의 면담과 견적 등을 총괄하여 실시하므로, 내용을 추가로 기술하지 않았다.

개발공법 선정을 위해서는 예산 및 이용 목적 등을 검토하여 현지 로컬 전문가의 의견이나 협의를 통해서 굴착 방법을 결정하면 된다. 다양한 방법 중에서 어떤 방법이 가장 효율적인 것이 아닌, 개발을 위하는 그 지역에 지하 지층에 적정한 방법을 적용하는 것이다. 일반적으로 지층에 따른 적용하는 방식은 표 1.7과 같다. 지층 분포가 복합적으로 나올 때는 여러 방법을 교차하는 등의 방식으로 변형하여 적용할 수 있다.

표 1.7 지하 지층에 따른 인력 관정 굴착 방법 적용성

구 분	충적층	퇴적암층	연암층	비고
Jetting (물 순환식)	적합	부적합	부적합	제4장
Percussion (충격식)	적합	느림	매우 느림	제5장
Rotary percussion (충격방식)	적합	적합	적합	제6장
Hand-auger (핸드 오거식)	적합	부적합	부적합	제7장
Rotary Flush (회전 세척방식)	적합	적합	느림	제8장

다양한 개발 방식의 설명을 위하여 제2장에서는 오거 조사공에 관련된 내용으로 아무런 자료가 없거나 굴착에 따른 비용이나 위험성을 줄이기 위해서 조사하는 용도로 굴착하는 것을 설명하였다. 제3장은 재래식 우물로 사람이 직접 곡괭이나 삽으로 지층을 제거해서 만드는 우물에 관해서 설명하였다. 제5장, 제6장, 제7장, 제8장에서는 오거, 충격식, 제팅, 슬러징 방식으로 간단한 장비를 이용해서 재래식 우물보다는 구경은 작지만 깊고, 신속히 굴착하는 방식에 관해서 설명하였다. 제9장에서는 아프리카 국가에서 고성능 장비를 이용한 굴착 방법을 사례로 들었고, 제10장에서는 다양한 국가에서 실제로 작업하는 과정에 대해서 수록하였다. 책에 기술된 내용을 보다 더 잘 이해하기 위해서는 지역별로 많은 자료를 인터넷 검색이나 유튜브(그림 1.19 등)를 활용하면 그 나라나 인근지역의 굴착 방법이나 시공된 동영상을 구하기가 쉽다. 인터넷 검색엔진에서 국가명이나 지역과 ground water란 단어만 입력해서 개략적인 정보를 획득하는 것을 추천한다.

Professionalizing Manual Drilling in Africa 2 of 2

 nauglejon
구독자 152명

https://youtu.be/oju_Mk64ebY?si=Ewi13EqPV85FI0Zi

그림 1.19 인력 관정 개발 참고 동영상(Youtube)

Groundwater Development
Basic Concepts for Expanding CRS Water Programs

Vincent W. Uhl, Jaclyn A. Baron, William W. Davis,
Dennis B. Warner and Christopher C. Seremet

July 2009

WATER AND SANITATION I PROGRAM QUALITY

CATHOLIC RELIEF SERVICES

그림 1.20 지하수 개발 참고 책자(CRS, 2009)

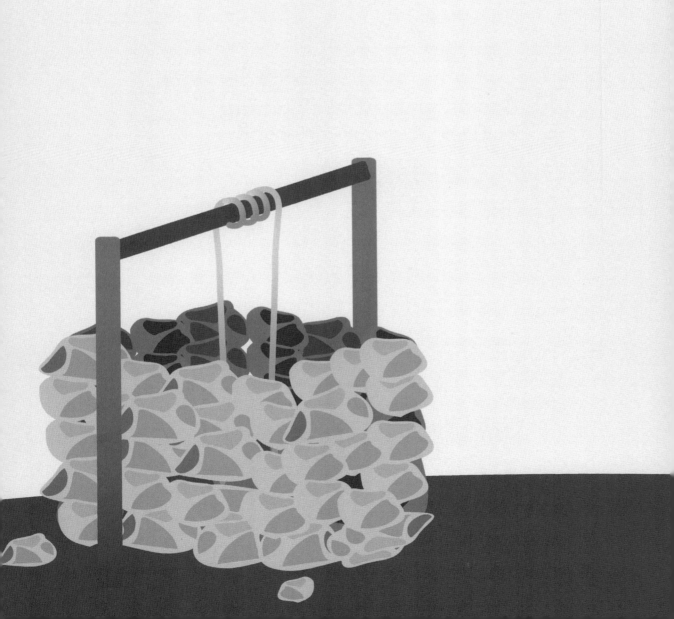

제2장

오거 조사공

그림 2.1 오거를 이용한 굴착(Kerstin Danert, 2006)

가장 전통적인 지하수 개발 방법은 사람이 직접 곡괭이, 정, 망치, 삽 등을 이용하여, 점점 깊게 땅을 파면서, 파쇄된 지층 조각을 제거하는 재래식 우물이 가장 오래된 방식으로 세계 곳곳에 널리 퍼져 있다.

재래식 우물을 개발하면 20m에서 최대 30m 정도는 개발할 수 있다. 사람이 작업을 해야 하므로 지하수 관정 지름이 최소 1m 이상이 필요하다. 재래식 우물을 개발할 때 작업 기간 도 몇 주일에서 몇 달이 소요되기 때문에, 아무런 사전 자료 없이 우물을 개발하기보다는 핸 드오거를 이용해서 지층 상태와 지하수 부존 상태를 먼저 조사하고 개발한다면 더 좋은 결 과물을 얻을 수 있다.

핸드오거로 100mm 지름으로 굴착할 때는 최대 조사심도는 15m 정도이다. 15m까지 조사 하였지만, 지하수위가 나타나지 않으면 작업 시행 여부나 15m 이상 개발을 위한 작업계획을 세울 수 있다. 조사 과정에서 미터(m)단위로 채취한 지층 시료를 정렬해서, 실제 작업 과정과 비교하면서 작업을 해야 한다.

2.1 굴착용 오거

굴착할 때는 지층에 따라 다양한 오거가 필요하다. 작업상태나 지층의 현황에 따라 적정한 오거를 선택한다.

2.1.1 Open clay auger

점토와 모래층과 같은 지층에서 너무 강하거나 너무 느슨해져 있지 않은 일반적인 지층에서 사용한다. 느슨한 지층에서는 오거에 완벽하게 채워서 올려야 되고, 점토와 같이 부풀어 오르는 성질이 있는 곳에서 3/4만 넣어서 올려야 한다(그림 2.2).

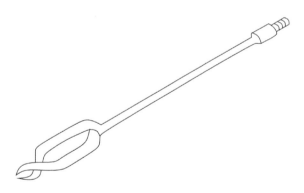

(Adapted from Oxfam, 2000)

그림 2.2 Open clay augers

2.1.2 Riverside auger

앞으로 나온 각진 날 뒤로 약간 큰 바렐(barrel)이 있다. 앞쪽 날을 돌려서 뒤쪽 바렐에 파쇄된 지층 조각을 채워서, 느슨한 지층이 오거 밖으로 흘러내리지 않도록 인양해서 지층 조각을 제거한다. 지하수위 이하에서 단단한 점토나 토양, 모래 등 대부분의 퇴적층에서 사용할 수 있다. 강가에서는 모래, 점토, 자갈 등이 혼재하여 있는 지층이 많이 있으므로, 이러한 지층에서는 적합한 오거이다.

앞쪽 날이 잘 무뎌지기 때문에 여분의 날을 준비해서 작업 과정에서 교체할 수 있도록 준비해야 한다.

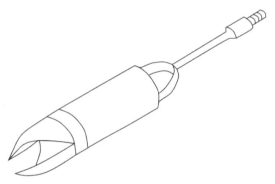

(Adapted from Oxfam, 2000)

그림 2.3 Riverside augers and spare blades

2.1.3 Flight auger

기다란 원형 오거 앞쪽에 강도를 가진 부분으로 라테라이트(laterite: 염기와 규산이 용탈되고 남은 성분이 산화되어 형성된, 산화철과 알루미늄 등을 많이 포함한 토양층)나 혼합된 지층을 굴착하고, 뒤쪽에 있는 오거 빈 공간에 채워지게 된다. Flight auger로 굴착할 때는 오거 맨 앞에서 맨 뒤까지 지층이 채워지다가 맨 뒤쪽에 있는 공간 이상으로 토양이 올라가서 토양 아래로 오거가 들어가지 않도록 주의해야 한다(그림 2.4).

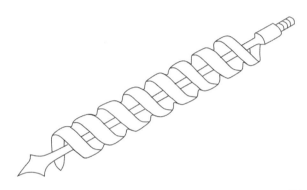

(Adapted from Oxfam, 2000)

그림 2.4 Flight augers

2.1.4 Spiral auger

단단한 지층에서 다른 오거로 굴착이 어려우면 먼저 지층을 느슨하게 만드는 오거이다. 나선형으로 만들어져 파쇄된 지층의 회수(제거)는 어렵지만, 느슨하게 하는 효과가 있다. 오거를 이용하는 과정에서 파쇄가 원활하지 않고, 파쇄 속도가 느려질 때 Spiral auger를 이용하여 먼저 지층을 느슨하게 하는 것을 집중적으로 하고, 다른 적정한 오거를 이용해서 제거(remove/clean) 작업을 한다(그림 2.5).

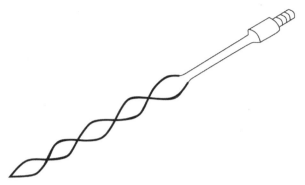

(Adapted from Oxfam, 2000)

그림 2.5 Spiral augers

2.1.5 Stone auger

오거로 지하 굴착할 때, 자갈이 많은 지층은 공벽을 유지하기 어렵고, 자갈 조각이 공내로 떨어져 공을 막아버리는 현상도 발생한다. 오거로 자갈을 회수할 때는 공벽에 걸려서, 다시 자갈이 떨어져 자갈이 많은 구간은 굴착에 어려움이 있다.

stone auger는 돌과 자갈이 많은 토양층을 내려갈 때 토양층을 파쇄하면서 자갈을 지상으로 잡아 올리는 역할을 하면서 굴착이 가능한 오거이다.

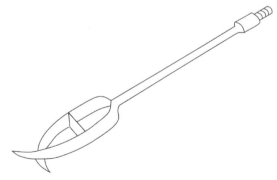

(Adapted from Oxfam, 2000)

그림 2.6 Stone auger

2.1.6 Stone catcher

굴착 중에 커다란 바위가 있어 더 이상 작업이 어려울 때, 굴착 위치를 변경하거나 조사를 포기해야 할 수 있다. 깊은 심도에서 바위가 나타났다면, 바위를 움직이거나 작업을 중단하는 것이 효과적이고, 바위가 지표면 아래 깊지 않은 곳에서 나타났다면 다른 곳으로 변경하는 것이 효과적이다.

커다란 바위 주변이나 아래를 돌려서 사용하는 오거이다. 작업 과정에서 바위 조각을 회수할 때 적정하게 사용할 수 있다. 작업 과정에서 로드(rod)가 공내로 떨어지거나 다른 장비가 회수되지 않을 때 Stone catcher를 이용해서 잡아서 끌어 올릴 수 있다.

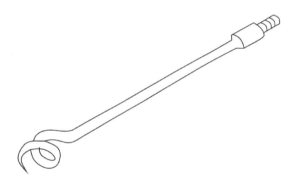

(Adapted from Oxfam, 2000)

그림 2.7 Stone catcher

2.1.7 Spanner/Catcher

조사공 굴착 과정에서 조사심도가 깊어질수록 오거 무게와 로드(rod)의 무게가 증가하면서 작업 과정에서 로드(rod)가 미끄러져 공내로 떨어질 수 있다. 스패너(spanner/catcher)를 이용해서 작업 중에 로드를 분리할 때 스패너 위에 연결부위를 놓고, 작업하도록 해서 작업 안정성을 높여야 한다. 로드 연결할 때 위아래와 단단히 잡아주어서 체결 상태를 유지하게 시키고, 작업 효율을 높인다.

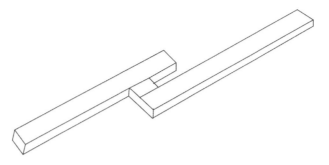

(Adapted from Oxfam, 2000)

그림 2.8 Spanner/Catcher

(www.eijkelkamp.com)

그림 2.9 지하수 조사용 오거 드릴링 세트(eijkelkamp)

2.2 조사공 케이싱

오거 조사 과정에서 지하수면이나 계속 무너지는 지층을 만나면, 공내 함몰 발생 가능성이 높아 보이면, 상부 지층이 무너지지 않도록 케이싱을 설치하고 작업을 한다. 핸드오거(hand auger)로 만들어진 100mm 조사공에 외경 90mm 내경 76mm 파이프 설치로 지하 함몰을 방지한다. 오거 작업 후, 케이싱을 바로 넣으면 케이싱이 들어가지 않으므로, 오거로 굴착 심도까지 100mm 지름으로 리밍(reaming: 미리 뚫어놓은 구멍을 확장시켜 구멍과 맞추는 작업)하고, 케이싱을 설치한다. 케이싱 설치 과정에 무너지는 구간이 있으면 다시 리밍 작업을 반복하면서 케이싱을 설치한다.

케이싱을 설치할 때는 케이싱을 다시 회수해서 다른 현장에서도 다시 사용해야 하므로, 자재 상·하단에 있는 연결 나사 부분이 모래나 흙 찌꺼기로 손상되지 않도록 깨끗한 상태로 연결한다. 나사 형식으로 되어 있는 케이싱은 돌리는 방향을 항상 일정하게 유지해서, 중간 연결부분이 풀려, 공내에서 분리되지 않도록 주의한다. 만약 작업 중, 조사공 내부에서 케이싱이 풀렸을 때는 회수기(retriever)를 케이싱 안에 넣고, 케이싱 상부까지 모래나 자갈 등을 채워서 케이싱을 회수할 수 있다(그림 2.10). 경험 없는 기술자는 케이싱을 인양할 때, 오히려 공벽을 깎아서 공 내부에서 케이싱 재밍(jamming)이 일어나면 땅을 파는 작업 이외에는 케이싱 회수가 불가능하므로 주의가 필요하다.

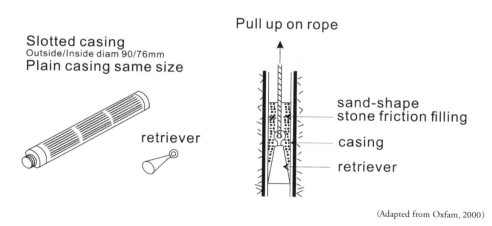

(Adapted from Oxfam, 2000)

그림 2.10 케이싱 설치 자재

2.3 베일러(Bailer)

베일러(bailer)는 지하수 개발이나 토양 채취 과정에서 사용되는 중요한 장비로, 굴착공에서 토양이나, 물, 슬러지를 제거하는 역할을 한다. 베일러는 굴착한 지층을 베일러 통에 담아 올린 후, 지상에서 버리는 역할을 주로 한다.

케이싱이 지하수위까지 도달하면 케이싱 내부로 베일러로 굴착한다. 작업자 한 명이 베일러의 절반 정도를 회전하면서 상하로 움직이고, 다른 작업자는 케이싱을 시계방향으로 돌리면서 아래로 전진하면서 내려가도록 한다. 베일러를 이용하면 지하수위 이하의 지층을 제거해 주므로, 케이싱이 내려갈 수 있는 공간을 만들면서, 케이싱을 지하수면 하부로 밀어 넣으면서 계속 설치할 수 있고, 파쇄(break/loose)된 지층 물질들(슬라임)은 베일러 내부에 쌓이고, 베일러를 인양해서 베일러 내부에 쌓인 지층 조각들을 제거(remove/clean)한다. 베일러로 굴착한 공간을 철제 케이싱이 지보(support)를 한다.

오거 조사 굴착 지름은 100mm를 사용하고, 케이싱은 외경 90mm, 내경 76mm의 내부로 외경 63mm의 베일러로 뚫으면서, 지하 지층을 부수고(break/loose) 회수(remove/clean)를 반복하면서, 케이싱을 목표 심도까지 설치(support)할 수 있다.

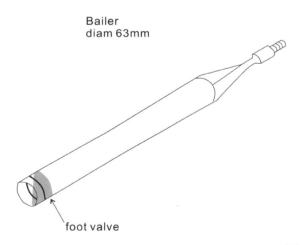

Bailer
diam 63mm

foot valve

(Adapted from Oxfam, 2000)

그림 2.11 베일러

2.4 양수시험

 조사공 굴착이 완료되면 지하수량이 어느 정도 산출되는지를 알기 위해서, 양수시험을 한다. 기계를 이용하여 양수시험을 할 수 있지만, 저비용으로 조사를 해야 하는 경우, 양수시험은 졸리 점프 펌프(jolly jumper pump)를 이용할 수 있다. 펌프 유입부를 케이싱 내부에서 집어넣어서 양수시험을 준비한다. 관정 내의 모래나 흙이 직접적으로 올라오는 것을 방지하기 위해 역류 방지 체크밸브(foot valve)를 케이싱 최종 심도에서 50 cm 정도 올려 설치해서 양수시험을 한다.

 양수시험은 작업자 한 명은 펌핑을 하고, 다른 작업자는 펌핑된 물이 채워지는 양동이(bucket)를 옮기고, 다시 빈 양동이를 교체한다. 양동이에 들어 있는 물을 조사공과 너무 인접한 곳에서 버리게 되면 지하 공동이 있는 경우에는 제거된 물이 바로 지하로 연결되어 정확한 양수시험 자료가 나오지 않으므로 물을 비우는 방법에 대해 고려해야 한다(그림 2.12).

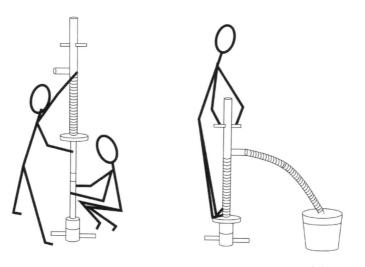

(Adapted from Oxfam, 2000)

그림 2.12 양수시험

펌핑되어 올라온 지하수가 약75 양동이 정도로 나온다면 성공(지역마다 기준이 다르다)이라고 할 수 있지만, 간혹 지하수를 굴착할 때, 지하 지층에 고여 있는 물(perched groundwater: 주수 지하수)을 양수할 때도 있으므로, 물의 양이 줄어드는 형태 등을 잘 파악하여야 한다.

초기에 완전히 물이 떨어지는 것과 회복되는 시간 등을 파악하고, 다시 양수시험(pumping test)을 실시해서 나오는 값들이 차이가 크지 않을 때 양수시험에서 지하수량이 나타나 비교적 정확하게 나타난 것으로 볼 수 있으니, 여건이 된다면 반복적인 양수시험을 통해서 지하수 부존 특성을 파악한다.

펌프는 수동펌프 등을 이용해서 활용하면 되지만, 펌프를 구하지 못할 때, 베일러를 이용해서 물을 퍼내는 속도 등을 고려해서 간접적인 방법을 사용할 수 있다. 펌프를 이용해서 10분 동안 산출되는 양을 계산해서 시간당 500에서 1,000리터가 나오면 성공한 것으로 볼 수 있다.

양수시험은 건기 마지막이 가장 적정하며, 우기나 우기가 끝난 지 기간이 얼마 지나지 않았다면, 가뭄이나 건조기에 용수 이용에 문제가 발생할 수 있으므로 종합적인 상황을 고려해서 판단한다.

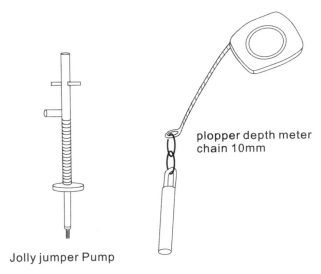

plopper depth meter
chain 10mm

Jolly jumper Pump

(Adapted from Oxfam, 2000)

그림 2.13 양수시험 펌프 및 수위 측정기

2.5 자료 정리

지하수 개발 과정에서 굴착하고, 양수시험 과정 등에서 얻은 모든 현장 조사자료를 기록으로 남겨야 한다. 굴착 과정에 나타나는 지층과 특이 사항을 기록하는 것은 그림 2.14를 활용하고, 양수시험 결과는 그림 2.15를 활용하면 된다.

Borehole Drilling Record

Borehole Name _____ Number of Plan _____

Location _____

Fill in each line of this record every time a drill rod is added

Depth Meters	Materials	Kind	Colour	Wetness	Tool
1 meter drilling equals one drilling rod	Silt Clay Sand Gravel Laterite Other (describe)	Soft Sticky Loose Hard Medium Broken	Black Blown Grey Blue Yellow White Red Orange	Dry Moist Wet Sloppy Water Very hard/ Rock	Clay Rivers Flight Spiral Stone Catcher Bailer
Ground ∼ 1					
∼ 2					
∼ 3					
∼ 4					
∼ 5					
∼ 6					
∼ 7					
∼ 8					
∼ 9					
∼ 10					
∼ 11					
∼ 12					
∼ 13					
∼ 14					
∼ 15					
∼					
∼					

Notes

Signed (Supervisor) _____ Date _____

그림 2.14 굴착 기록 양식(Oxfam, 2000)

Borehole Water Pumping Test Record

Borehole Name _____

Location _____

Pumping Tests

Time in minute	Water level(m)	Buckets
Start		
Start + 10		
+ 20		
+ 30		
+ 40		
+ 50		
+ 60			= Total buckets pumped
	continue immediately into Recovery Test Measurements		= Liter capacity of each
			= Total Quantity Pumped
+ 61		
+ 62		
+ 63		
+ 64		
+ 65		

Quality Tests

Colour   good/bad   Taste   good/bad

Pumping Test done by _____

Quality Test done by _____

Date _____

그림 2.15 양수시험 기록 양식(Oxfam, 2000)

최근에는 기존 양식을 활용하는 종이 시트 이외에도, 스마트폰을 활용해서 양수시험, 굴착자료 등을 기록할 수 있는 스마트폰 앱들이 나오고 있다(그림 2.16). 이런 프로그램을 활용한다면, 자료를 관리하는 데 도움이 될 것이다.

Capture data and create professional reports

Groundwater development data is valuable. Keep it safe.

The Driller's Toolbox is an Android app for professionals in the groundwater development sector, such as drillers, supervisors, geophysicists, and hydrologists. The app helps to capture data on geophysics, drilling logs, and pumping tests, and create professional reports.

Drill logs

Capture drilling data and create a professional pdf drill log, including meta-data, lithology, piping and backfill.

Pumping tests

Perform a pump test and receive the data in Excel, including drawdown graphs, ready for analysis.

Geophysics

Capture resistivity measurements and receive your data in Excel and PDF, including an interpretation model.

Dashboard

All data is stored on your personal dashboard. Organization accounts can bring together data from multiple contributors.

https://drillerstoolbox.org/

그림 2.16 Driller's Toolbox 소개 화면(PRACTICA 홈페이지)

The Driller's Toolbox

Practica Foundation

3.7★
469 reviews

100K+
Downloads

E
Iedereen ⓘ

Installeren   Delen   Aan verlanglijstje toevoegen

Deze app is beschikbaar voor al je apparaten

App-support ⌄

Meer van Practica Foundation →

Irris
Practica Foundation

TokenTap
Practica Foundation

Bucket Test
Practica Foundation

Over deze app →

Deze app is een digitale toolbox voor grondwaterontwikkeling. Het helpt bij veelvoorkomende taken zoals geofysische metingen, het vastleggen en rapporteren van boorloggegevens en pomptests. Vastgelegde gegevens kunnen in projecten worden georganiseerd.

그림 2.17 스마트폰용 지하수 개발 자료 정리 앱(Google Play)

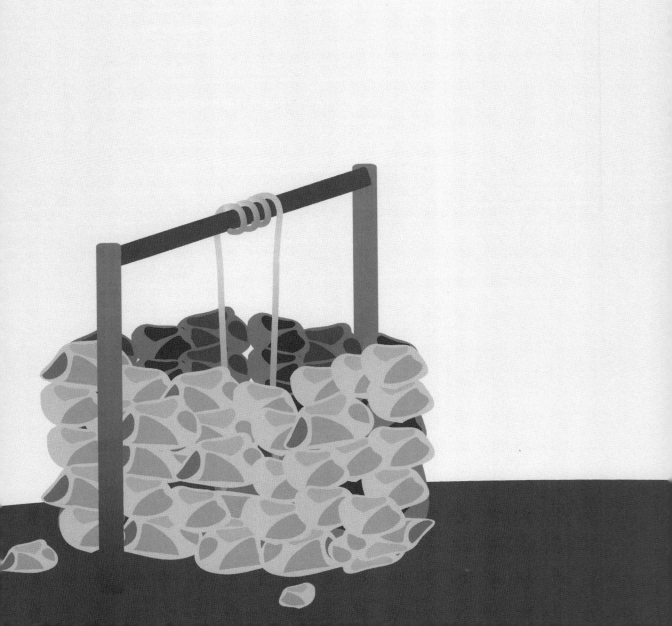

제3장

재래식 우물
(Hand-dug well)

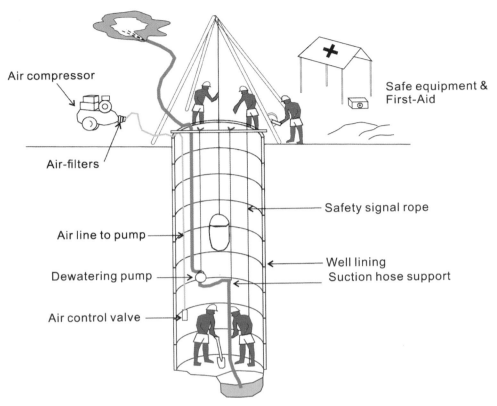

Air compressor

Air-filters

Air line to pump

Dewatering pump

Air control valve

Safe equipment &
First-Aid

Safety signal rope

Well lining
Suction hose support

그림 3.1 재래식 우물 작업 모식도(Adapted from Oxfam, 2000)

재래식 우물 또는 인력 관정은 작업자가 지하를 계속해서 파고 내려가는 형태로 장비가 많이 필요하지 않은 가장 전통적인 지하수 이용 형태이다. 현재까지도 재래식 우물은 가장 넓은 지역에서 사용하는 방법이다. 지역마다 지표면을 이루는 토양의 두께나 지층 강도에 따라 파쇄 방법의 차이가 있지만, 삽과 곡괭이로 인력을 이용해 지표면에서부터 지름 약 1.5m로 지하 20~30m 땅을 파고 들어가는 형태이다.

진흙, 모래, 자갈로 이루어진 충적층이 깊은 지역에서는 콘크리트 링(concrete ring)으로 무너지지 않도록 케이싱(casing)을 설치해서 지하 깊은 곳까지 굴착할 수 있다.

충적층을 파고 커다란 바위를 만나면 정이나 망치 등을 이용해서 기반암을 깨고, 깨진 조각을 버킷 등을 이용해서 지표면으로 올려 제거함으로써 암반에서도 인력 관정을 만들 수 있다.

재래식 우물의 장점으로는 마을에서 숙련된 기술자를 구하기가 쉽다는 점과 인건비가 저렴한 개발도상국에서는 인건비가 공사비 대부분을 차지하므로 다른 방법에 비해 상대적으로 저렴한 장점이 있다.

단점으로는 우기와 건기에 따라 산출량에 많은 차이가 발생하고, 지표면 인근 대수층을 이용하므로 수질에 취약하다. 특히 우기와 건기에는 수량, 수질이 영향을 받을 수 있다.

가장 전통적인 방법은 진흙, 모래, 자갈로 혼합된 흙을 이루는 지층은 삽으로 파고, 콘크리트 링으로 굴착면 붕괴를 방지한다. 지하를 파면서, 지하수가 유입되면 펌프 등으로 지표로 배수하면서, 작업을 한다. 암석으로 된 지층 지역에서는 정이나 망치로 파쇄하고, 깨진 암석을 버킷으로 올려서 제거한다. 단단한 암반층은 자체강도로 지보(support)에 대한 작업이 필요없지만, 암반층은 지하수유입이 작아서 물량확보에 불리하다.

How To Dig A Manual Well, Install Concrete Rings,Build Water Tower, Install Tank And Stand Tap.

https://youtu.be/k-9HIf8CWCY?si=Lt5ymW4RUy2lr0Iv

그림 3.2 재래식 우물 관정(hand digging well) 동영상(Youtube)

3.1 우물 케이싱(Well casing)

재래식 우물 케이싱(casing)은 지보(support) 방법으로써 작업할 때는 공내 작업자가 안전을 확보하고, 우물을 이용할 때는 공내 붕괴를 방지할 수 있는 다양한 재료와 형태로 만들 수 있다. 우물 케이싱은 공내 지층이 무너짐을 방지하고, 안전하게 작업하면서 수위 변동 등으로 인해 관정 붕괴를 방지할 수 있다. 상부 지층에서 떨어지는 돌맹이 등을 막아주므로 우물 하부 작업자가 안전하게 작업할 수 있다.

강이나 하천 인근처럼 모래나 자갈처럼 느슨한 충적층으로 된 지역에서는 단단한 콘크리트 링(concrete ring)을 설치해서 우물 내부에서 일을 하는 작업자가 우물 내 붕괴로 인해서 안전사고가 발생하지 않도록 한다.

재래식 우물의 지하수량이 부족할 경우, 건기에 추가 굴착으로, 더 많은 지하수를 확보하는 경우가 있으므로, 케이싱으로 추가적인 굴착을 고려하여 설치한다. 케이싱은 콘크리트, 벽돌, 돌을 이용하지만, 빈 드럼통을 쉽게 얻을 수 있는 곳에서는 빈 드럼통을 활용하는 경우도 있고, 지역의 특성에 따라서 다양한 재질을 사용할 수 있다. 다만 철제 드럼통일 경우에는 아연도금이 안 된 철제는 녹이 발생할 수 있고, 나무는 물속에서 수위 변동으로 지하수면 위아래를 오르내리면서 미생물이 증식되어, 나무가 썩어 버리는 현상으로 수질 문제가 발생할 수 있으므로 되도록 피하는 것이 좋다.

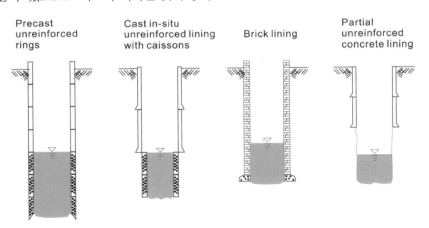

(Adapted from Seamus Collins, 2000)

그림 3.3 Dug well 다양한 외벽

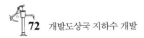

그림 3.4 콘크리트 링 외벽(캄보디아)

그림 3.5 콘크리트 링 외벽(에티오피아, 사진: Seifu)

그림 3.6 석재 블록 외벽(캄보디아)

그림 3.7 철제 드럼통 외벽(에티오피아, 사진: Seifu)

3.2 재래식 우물 개발

재래식 우물 개발 작업은 지하수위가 가장 낮은 건기에 실시하는 것이 작업 편의성과 향후 수량 확보 안정성에 가장 효율적이다. 여러 명의 작업자를 작업장에 투입하고, 내부 암석, 충적층을 제거하기 위해서 안전한 장비를 갖춰야 한다.

배수펌프는 우물 내부로 들어오는 지하수가 차오르면 펌프를 가동하여 우물 내부의 물을 제거한다. 높이에 비해서 펌프가 용량이 충분하지 않을 때는 중간에 펌프를 두어, 2단으로 올리는 방법 등을 사용할 수 있다. 작업 과정에서 갑작스러운 펌프나 발전기의 고장 등을 알 수 있도록 작업 과정을 지켜보도록 한다.

심도가 깊어지고 내부의 작업자가 한 명 이상일 경우에는 지표면 신선한 공기를, 장비를 이용하여 우물 내로 공급한다. 전력이 필요한 장비를 사용할 때는 발전기 연료가 떨어지지 않도록 조심해야 한다. 특히 발전기 배기가스가 작업장 인근에서 빨리 배출되도록 바람 방향 등을 고려하고, 관정 내부에서 일을 하는 작업자의 작업시간과 휴식 시간 등을 정해서 작업하도록 한다.

그림 3.8 재래식 우물 개발 모습(에티오피아, 사진: Seifu)

3.3 개발 절차

3.3.1 사전 조사

위치 선정을 위한 사전 조사가 필요하다. 개발 위치는 지하수 부존 가능성과 더불어 이용에 편리한 지역을 결정한다. 작업 전에 마을이나 인근지역에서 개발 경험이 많은 사람에게서 지역적인 특성이나 어려움 등을 청문 조사 이후 개발하는 것이 작업 과정에서 예기치 못한 문제가 발생하면 신속하고 정확하게 해결할 수 있다.

오거 조사공(제2장)을 굴착하고, 지층과 수량을 파악해서, 개발 목표심도를 결정할 수 있지만, 일반적으로는 현장 경험이 많은 로컬기술자는 다양한 지역에서 지하수를 개발한 성공과 실패한 경험을 종합적으로 판단하여, 마을이나 지형에 따른 개략적인 목표 심도를 파악하고 있어, 오거 조사공을 먼저 조사하는 경우는 많지 않다. 로컬기술자를 활용하는 것은 현장 여건이나 지역 상황을 알고 있으므로 큰 도움이 된다.

우물 개발 지점이 결정되면, 최소한 1명 이상의 경험이 있는 기술자를 동반하여 작업을 시작한다. 특히 작업 시기가 우기와 겹치지 않도록 하고, 적정 인력과 장비를 충분히 확보해서, 작업 과정에서 작업이 중단되지 않도록 한다.

그림 3.9 땅을 파기 시작하는 모습(케냐, 사진: 최인혁)

3.3.2 지하 굴착작업

재래식 우물은 적절한 도구로 지하로 계속해서 파고 들어가고, 공벽이 무너지는 약한 지층일 경우에는 작업 중에 무너지지 않도록 케이싱과 같은 별도 작업이 필요하다. 굴착하는 것보다는 오히려 파놓은 공벽이 무너지지 않도록, 무너지기 직전에 콘크리트나 돌과 같은 것을 설치하는 시점을 정하는 것이 가장 중요하다. 지하 굴착작업은 곡괭이, 삽 등과 같은 기구로 최대한 빨리 굴착하는 도구와 적절한 작업 인원을 확보하는 것이 필요하다.

지하 굴착작업 인원과 상부에서 굴착한 슬라임을 제거해 주는 작업 인원을 충분히 준비하여 작업강도를 분산시켜야 한다. 재래식 우물은 굴착 시기가 건기에 집중되기 때문에 평상시에는 지역기술자가 많은 것 같지만, 건기에는 지역기술자 확보가 어려울 수 있다.

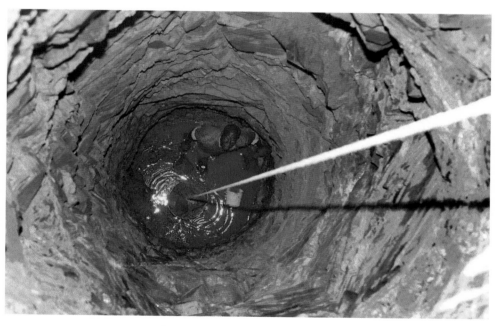

그림 3.10 깨진 암반을 올리는 모습(케냐)

3.3.3 슬라임 제거 작업

우물 내부 작업자가 파쇄(break/loose) 작업을 하고 깨진 토양이나 돌덩어리를 빨리 제거하는 것이 좋다. 가장 일반적인 제거(remove/clean) 방식은 양동이에 밧줄을 매달아서 우물 내부 작업자가 담아주면 위에서 밧줄을 당겨 올려서 제거하는 방식을 사용한다.

작업 중 토양이나 깨진 돌덩어리 무게를 견딜 수 있는 양동이와 밧줄이어야 한다. 밧줄을 올리는 작업자가 실수로 손이 미끄러져 토양이나 돌이 들어 있는 양동이를 놓쳐버리는 일이 발생하지 않도록 주의한다. 상부 작업자는 받침대에서 작업을 하고, 깊이가 깊어지면 나무나 철재로 만들어진 삼발이에 도르래를 설치해서 안전하게 작업한다. 특히 암반을 제거하고, 올릴 때는 우물 벽면에 양동이가 부딪쳐서 돌덩어리가 떨어지지 않도록 한다.

그림 3.11 파인 지층을 올리는 모습(케냐)

3.3.4 지하수위 이하 굴착작업

우물을 파면서 지하수가 나타나거나, 지층이 무너지는 층이 나타나면 콘크리트 링과 같은 케이싱을 설치해야 한다. 케이싱은 내부 작업자의 붕괴로부터 안전을 확보하면서, 충분한 작업 심도를 확보할 수 있다.

건기에 지하수위가 가장 낮은 곳에 있어, 굴착이 적정하지만, 우기에는 지하수위가 높아지면서 케이싱은 수위 변동으로부터 우물 붕괴를 방지한다. 지하수량이 적은 우물에서 케이싱이 지하수 유입을 지연시켜 수량 부족이 나타날 수 있으므로 적절한 재질과 방식의 외부 케이싱이 필요하다.

우물 굴착 과정에서 지하수면이 나타나면, 물속에서 작업이 어렵기 때문에, 지하수를 배수해서 지하수위를 낮추어야 한다. 지하수위가 나타나고, 시간이 지날수록 지하수위가 상승 속도가 빨라지므로, 작업인력을 더 투입해서 작업 속도를 높여야 한다. 오후에 지하수위가 나타나면, 작업을 종료했다가, 다음 날 오전부터 작업을 시작하는 등 공정계획을 유연하게 한다.

지하수위 이하에서 작업할 때는 지상에 양수기나 펌프를 이용해서 물을 제거하는 것이 가장 효과적이다. 발전기를 이용할 때 발전기 정비와 원료를 충분히 확보해야 한다. 전력망으로 전기가 들어오더라도 정전이 자주 발생하는 지역에서는 작업중단이 되므로 사전에 지역 현황에 대한 철저한 사전 조사가 필요하다.

그림 3.12 지하수위가 나타난 모습(케냐, 사진: 최인혁)

3.3.5 콘크리트 케이싱 제작

재래식 우물에서는 콘크리트 케이싱을 많이 사용하지만, 우물의 규모가 큰 경우에는 콘크리트나 돌, 흙으로 만든 벽돌을 설치할 수 있다. 벽돌을 제작하는 것과 콘크리트 링을 만드는 경우를 비교하면 콘크리트 링이 더 저렴하지만, 지역적 특성을 고려하여 지보(support) 방법을 결정하면 된다.

콘크리트 링을 계속해서 만들어야 할 때 그림 3.14와 같이 철제 거푸집을 만들어서 콘크리트 링 품질을 일정하게 유지되도록 한다. 콘크리트 링은 철제망(iron-mesh)을 넣고, 시멘트와 모래를 채워서 콘크리트 링을 만든다. 시멘트를 사용할 때는 지역 특성에 적합한 시멘트 모르타르로 작업하는 것이 적정하다. 콘크리트 링은 부피가 커서 운반이 어려우므로 운반 차량이 없다면 현장 인근에서 만들어서 작업하는 것이 효율적이다. 만들어진 시멘트 모르타르는 너무 빨리 양생하게 되면 강도가 떨어지므로 자갈이 들어가는 콘크리트 모르타르는 3주 정도, 시멘트 모르타르는 2주 정도의 양생기간을 두어야 한다.

건기에는 건조해서 양생 속도가 빨라질 수 있으므로, 양생 중간중간에 물을 뿌려서 양생기간을 늦추면서, 최대한 최대 양생기간을 지켜야 강도를 가질 수 있다.

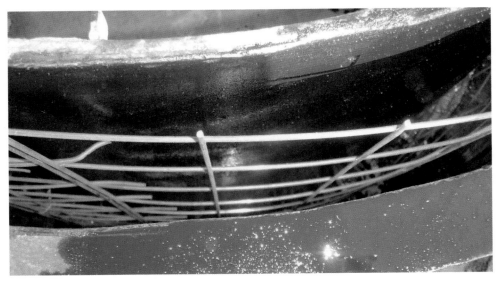

그림 3.13 콘크리트 링 내부 모습(케냐, 사진: 최인혁)

그림 3.14 콘크리트 링에 콘크리트 모르타르(케냐, 사진: 최인혁)

그림 3.15 콘크리트 링을 만드는 모습(케냐, 사진: 최인혁)

3.3.6 이용 시설 설치

우물 형태로 많은 사람이 이용하는 곳에는 커다란 구멍으로 노출되기 때문에 어린이, 가축 등이 추락 사고가 발생하지 않도록 뚜껑을 설치하는 등 안전한 이용 방안을 검토해야 한다. 특히 상부 지붕을 설치하면, 많은 사람이 일사병 방지 및 이용 과정에서 편리하다. 바람이 많이 부는 곳에서 우물 주변에 나무가 있다면 나뭇가지나 나뭇잎이 들어갈 수 있고, 물이 고여 있으면 새들과 같은 조류들이 서식하면서 배설물 등에 의한 오염이 발생할 수 있어, 이용 과정에서 발생 오염원을 차단해야 한다. 우물 주변에서 목욕이나 빨래 등을 하면 사용한 물이 우물로 다시 유입되지 않도록 배수시설을 최대한 멀리까지 설치한다.

우기에 홍수 발생 여부를 조사해서 침수가 발생하면 각종 오염물질과 쓰레기가 우물로 유입될 수 있으므로 우물 이용 시설 설치 초기부터 외부 지표수들이 유입되지 않도록 외부 케이싱 설치를 높여서 결정한다.

펌프는 지하수위에 따라서 차이가 나므로, 적정한 펌프를 결정해야 한다. 펌프에 관련된 자세한 내용은 "개발도상국 식수 개발(2016, 한국학술정보)의 제3장 펌프 시스템(Water Lifting)"을 참고하면 된다.

그림 3.16 인력 관정 이용 모습

그림 3.17 핸드 펌프 설치 과정(케냐, 사진: 최인혁)

그림 3.18 핸드 펌프 모습(케냐, 사진: 최인혁)

3.4 기계식 굴착

인력으로 하는 삽이나 곡괭이로의 굴착방식과 동일한 원리로 사람이 직접 들어가지 않고, 기계를 활용해서 똑같은 원리로 토양층을 굴착하고, 굴착한 공에 기계를 활용해서, 콘크리트 링을 채우는 등의 방식이 활용되는 곳도 있다.

기계를 활용함으로써, 굴착 속도가 빠르고, 지보 등을 신속하고, 효율적인 방법으로 적용할 수 있다. 유튜브나 검색엔진 등을 활용하면, 지역별로 널리 사용되는 지하수 개발 방식을 이해할 수 있다.

Bunardzija Goran- busenje bunara

 Никола Петковић
구독자 3.85천 명

👍 3.3천   👎   ↗ 공유   ⬇ 오프라인 저장   ···

https://youtu.be/ZSZkaMPvzZI?si=uBI_n9SinAmT2XUb

그림 3.19 기계 방식 Bucket drilling 동영상(Youtube)

busenje bunara, 21 metar za pola dana

https://youtu.be/RUGOa_fnXpw?si=5TRooPSCh2q9jm7h

그림 3.20 기계 굴착작업 동영상(Youtube)

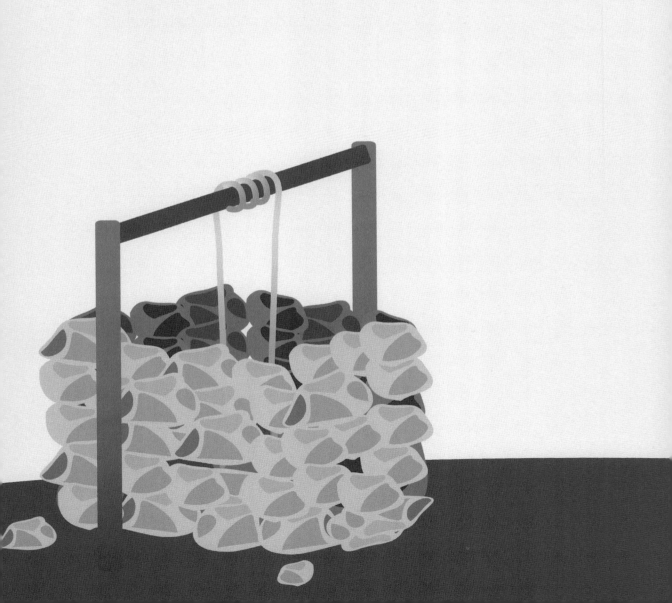

제4장

제팅(Jetting) 방식

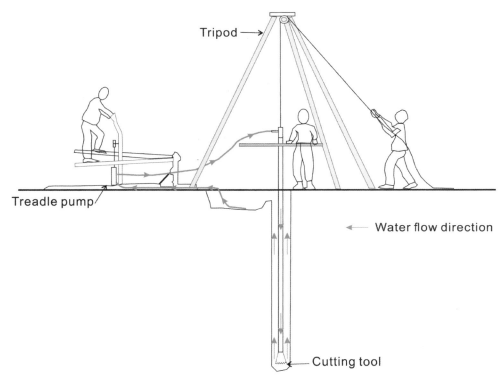

Tripod

Treadle pump

Water flow direction

Cutting tool

(Adapted from WEDC)

그림 4.1 제팅 방식 인력 관정 개발 모식도

4.1 개요

인력 회전 제팅(manual rotary jetting)이라고 불리며 물을 쏘면서 충적층과 같이 미고결 지층을 굴착하는 방식이다. 쏘는 물의 힘과 비트(bit)를 이용해서, 지층을 파쇄(break/loose) 한다. 펌프로 밀어주는 수압으로 굴착공 최하부 지층을 깨면서, 쏘는 물에 의해 슬라임(깨진 지층 조각)을 지표면까지 이동시킨다(clean/remove). 지속해서 물이 공급되면서 점토, 폴리 머, 소똥 등과 같은 물질로 공벽을 유지(support)해 준다.

제팅 방식으로 굴착된 관정(jetting well)은 소구경으로 굴착 홀(hole)에 펌프로 많은 물 을 파이프로, 땅속 이물질을 씻어 내는 역할을 하므로 세척(washing)이라고 불리기도 한다.

제팅(jetting)은 지층이 부드럽고, 고결되지 않은 지층에서 저렴한 비용으로 개발하는 방 식이다. 회전 제팅(rotary jetting) 방식은 좀 더 깊은 곳을 굴착 가능하다. 굴착 깊이는 지층 에 따라서 차이가 있지만, 35m에서 최대 50m까지 팔 수 있다. 제팅(jetting)으로 적용하기 위해서는 지역 및 지층 특성을 잘 파악하는 것이 중요하다.

그림 4.2 제팅 방식 사용 비트(PRACTICA)

4.2 장단점

제팅(jetting) 방법의 가장 큰 장점은 미고결 지층에서 복잡하지 않은 장비로 간단하게 몇 시간 작업으로 신속하게 지하수 관정을 만들 수 있는 장점이 있다. 그러나, 많은 양의 작업 용수가 필요하므로 충분한 작업 용수를 확보해야 하는 단점이 있다. 지역에 따라 500~1,000ℓ의 작업 용수로 굴착을 할 수 있지만, 지층에 따라서 훨씬 더 많은 작업 용수가 필요한 곳도 있다. 용수공급이 원활하지 않은 곳에서는, 다른 방법에 비해 작업 용수를 충분히 검토한 후에 적용하여야 한다.

굴착 중에는 연약지층에서 공내 붕괴가 발생하기 쉽다. 공내 붕괴를 방지하기 위해서 작업이 완전히 마치기 전까지는 물을 계속 공급해서 굴착된 공에 물을 완전히 채워서 유지해야 한다. 점토로 이루어진 지층을 통과할 때는 천천히 통과하고, 자갈 지층과 같이 입자가 큰 물질을 통과할 때는 모래층보다 더 많은 양의 물이 필요하다. 굴착 심도가 깊어지거나 모래나 자갈층을 통과할 때는 굴착 첨가제 및 펌프의 연료비 등의 비용이 증가할 수 있다.

4.3 굴착 단계

4.3.1 머드 피트(Mud pit)

굴착할 위치를 결정하고, 굴착 과정에서 회수된 물과 슬러지가 가라앉을 수 있는 머드 피트(mud pit)를 그림 4.3과 같이 만든다. 머드 피트는 굴착공으로 쏜 물이 슬라임과 같이 파이프를 통해 지표면으로 올라와서 슬라임은 침전시키면서 수위를 유지하고, 지하로 빠져나가는 물을 보충한다. 지표로 올라온 슬라임은 1차 침전조와 2차 침전조를 거치면서 비트로 파쇄된(break/loosing) 슬라임을 제거(remove/clean)한다. 침전 기능이 효율적이어야만 파쇄된 지층 찌꺼기들이 다시 지하수공 내부로 들어가는 것을 방지할 수 있다.

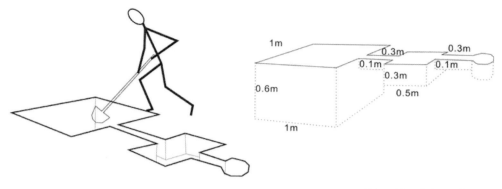

그림 4.3 머드 피트

머드 피트에 비닐 재질의 방수천을 깔아서 작업 용수가 새어나가지 않도록 한다. 방수천으로 작업 용수 소비를 줄여 물 운반에 들어가는 노동력과 비용을 줄일 수 있다.

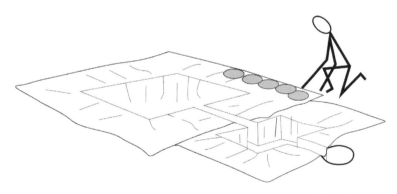

그림 4.4 머드 피트 방수천 덮기

4.3.2 굴착 장비

파이프(rod)와 비트(bit)를 연결하기 위해 파이프 렌치(pipe wrench)를 이용한다(그림 4.5). 연결 과정에서 나사와 볼트 형식으로 된 연결부위를 깨끗하게 유지해서 나사산이 파손되지 않도록 작업을 하지 않을 때는 PVC 캡을 채워서 보관한다.

제팅(jetting) 작업 중에 회전이나 땅과 부딪히는 충격이 연결된 로드와 비트에 많이 가해져 나사가 풀릴 수 있으므로, 회전 방향을 한쪽으로 유지해야 한다.

엔진 펌프를 머드 피트 주변에 두고, 송수관과 흡입관을 연결한다(그림 4.6). 엔진 펌프가 중간에 꺼질 때 물 공급이 중단되면, 공내 붕괴 등이 발생할 수 있으므로, 충분한 연료를 준비해야 한다.

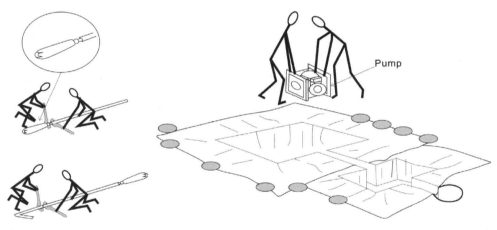

(Adapted from Robert Vuik, 2010)   (Adapted from Robert Vuik, 2010)

그림 4.5 드릴 비트와 회전체 연결   **그림 4.6 펌프 설치**

4.3.3 작업 용수

작업 용수는 작업장 인근의 강이나 호수에서 가지고 오면 된다. 작업 용수는 트럭이나 수레 등을 이용해서 운반한다. 관정이 완전히 굴착될 때까지 물이 가득 차 있어야 하므로 작업 용수는 충분히 확보해야 한다.

작업 용수가 굴착 도중에 부족할 때는 공내 붕괴 등의 문제가 발생할 수 있으므로, 작업 전에 충분한 용수를 준비하고, 갑작스럽게 부족할 때를 대비해서 용수공급계획이나 작업계획을 미리 세워야 한다.

굴착 첨가제는 공내 붕괴를 방지하면서, 굴착이 원활하게 첨가할 수 있는 물질이다. 굴착 첨가제는 굴착되는 구멍의 지층면을 코팅하는 역할을 하기도 하고, 슬라임을 뭉쳐 크고 무겁게 만들어서, 슬라임 제거를 원활히 한다. 굴착 첨가제로 벤토나이트, 폴리머, 소의 대변, 점토 등을 사용할 수 있다.

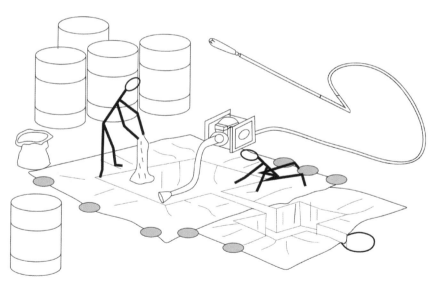

(Adapted from Robert Vuik, 2010)

그림 4.7 굴착 용수 준비

4.3.4 굴착작업

엔진 펌프에 시동을 걸고, 굴착 비트를 이용해서, 물을 쏘면서, 아래 방향으로 힘을 주어 누르면서 굴착을 시작한다. 굴착하면서 회전할 때는 나사로 연결된 부위가 풀려서, 굴착하는 도중에 비트가 떨어져 나가는 경우가 발생할 수 있으므로, 갑자기 힘이 주지 않거나, 느낌이 달라지면 작업을 멈추고, 나사 풀림을 확인해야 한다.

물 압력이 높지 않고, 굴착 속도가 빠를 때는 지상으로 충분한 슬라임이 배출되지 않아, 슬라임이 공내를 채우면서 갑작스러운 공내 붕괴나 공내 슬라임이 중간에 꽉 채워지는 재밍(jamming) 현상이 발생할 수 있다.

작업자들끼리 일정한 방향으로 굴착하고, 작업 중에는 엔진 펌프 작동을 멈추지 않는다. 굴착 심도가 깊어질수록 로드(굴착 파이프)를 연결할 때, 파이프 마지막인 비트 부분을 최종 굴착지점에 걸쳐놓고, 회수되는 용수에 슬라임 양을 확인하면서, 슬라임을 완전히 제거한 것을 확인한 후에 신속히 파이프를 연결하면서 작업을 한다. 작업 과정에서 발생하는 굴착 속도, 슬라임 색깔, 갑작스러운 지하수량 증가 등을 작업일지에 상세히 기록한다.

굴착작업은 최소한 굴착 시작부터 우물 자재 설치까지는 작업을 중단되지 않도록, 굴착 시작을 아침 일찍부터 작업하는 것이 효과적이다.

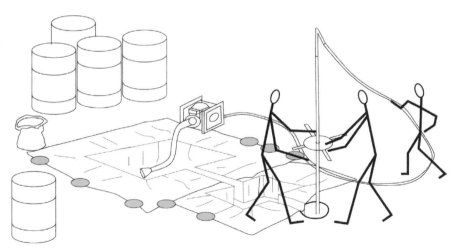

(Adapted from Robert Vuik, 2010)

그림 4.8 굴착작업

4.3.5 써징 작업

계획 심도까지 굴착하거나 충분한 물량을 확보하여, 작업을 마무리하면, 공내에 물을 충분히 순환시켜 슬라임이 공내에 존재하지 않도록 한다. 슬라임이 완전히 제거되었다고 판단되면 5분 이상 위아래로 왕복하는, 공내 써징을 해서 슬라임을 완벽하게 제거하고, 우물 자재 설치에 지장이 없도록 굴착 장비를 제거한다.

엔진 펌프를 완전히 멈추더라도 공내 수위를 유지하기 위해서, 시추공으로 물을 계속해서 공급해서, 우물 자재를 설치할 때까지 공내 붕괴가 발생할 가능성을 최소화해야 한다.

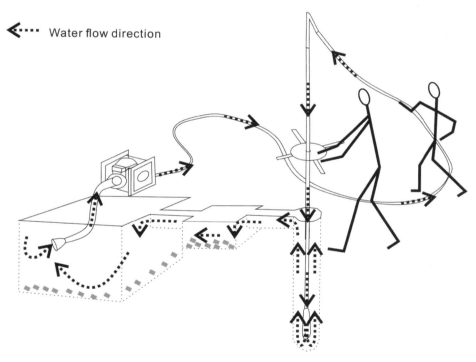

Water flow direction

(Adapted from Robert Vuik, 2010)

그림 4.9 써징 작업

4.4 우물 자재 설치

우물 자재는 크게 유공관, 무공관, 연결소켓으로 나눌 수 있다. 물이 흐르는 구멍이 있는 유공관과, 구멍이 없는 무공관으로 나눈다. 각 파이프에 나사가 있어서 연결소켓이 필요 없는 모델도 있지만, 나사 형태로 깎지 않아서, 각각의 파이프를 연결하는 연결소켓이란 부품을 사용한다. 최근에는 유공관, 무공관은 플라스틱을 많이 사용하지만, 대형 관정을 개발할 때는 스테인리스 재질로 된 것을 사용한다. 연결 자재도 작은 구경의 우물 자재는 플라스틱을 주로 이용하지만, 8인치 이상 되는 구경이 크거나 무거운 큰 PVC 파이프는 스테인리스 연결소켓에 스테인리스 나사못으로 사용하기도 한다.

4.4.1 유공관 제작

우물 자재에서 가장 중요한 부분은 물이 드나들면서, 토사나 흙의 유입을 막아주는 유공관(스트레이너: strainer)이다. 공장에서 제작된 기성품을 사용할 수 있지만, 많은 프로젝트에서는 현장에서 직접 제작하기도 한다. 유공관은 일정한 간격과 방향으로 플라스틱 파이프로 그라인더나 톱을 이용해서 일정한 방향으로 구멍을 만든다. 파이프 두께가 두꺼울 때는 하중 직각 방향인 가로 방향으로 유공관을 만들 수 있으나, 파이프 두께가 얇을 때는 세로 방향으로 하중 방향과 일치하도록 한다.

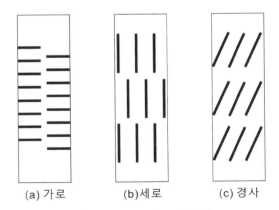

(a) 가로   (b)세로   (c) 경사

그림 4.10 유공관 공극 방향

그림 4.10과 같이 가로 방향(a)은 현장에서 제작이 가장 쉽게 만들 수 있지만, 하중에 문제가 없는 강도를 가진 파이프에 적용한다. 가로 방향의 최대 장점은 현장에서 가장 만들기 쉬운 형태이기에 작업성이 좋다. 작업자 한 명은 파이프를 길게 잡고, 나머지 한 명이 수직 방향으로 톱이나 그라인더로 선형으로 구멍을 낼 수 있으므로 다른 방향에 비해서 제작이 편해서 제작 시간이 빠르다. 세로 방향(b)은 하중의 방향과 같은 방향이므로 강도에 가장 작은 영향을 미치지만, 공장에서는 정밀 가공이 가능하지만, 현장에서는 파이프 길이 방향과 같이 하면 자르는 방향으로 잡는 것이 불편하다. 파이프 경사 방향으로 유공관을 제작할 때는 하중이 가해지는 방향과 측면에서 오는 힘의 방향과 다른 방향으로 나오지만, 경사(c)로 만드는 구멍을 현장에서 일정한 비율로 제작이 어렵고, 경사 방향으로 제작하면 작업과 하중의 분산이 힘들어서 특별한 경우를 제외하고는 권장하지 않는다.

그림 4.11 현장 제작 가로 유공관

그림 4.12 공장 제작 세로 유공관

그림 4.13 PVC 파이프(탄자니아)

그림 4.14 스테인리스 유공관

그림 4.15 가로 유공관

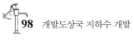

Automatic pvc pipe slotting machine

https://youtu.be/-CefYtNclz8?si=65iLqTqTjh7hETuR

그림 4.16 세로 유공관 제작 공정 동영상(Youtube)

PVC Well Screen and casing Pipes: In house process / world class manufacturing facility.

https://youtu.be/XWIy-T7L1Q8?si=WYjYadSbegEdUdIa

그림 4.17 가로 유공관 제작 공정 동영상(Youtube)

4.4.2 우물 자재 설치

굴착 심도를 확인하고, 우물 자재를 필요 수량을 준비하여, 자재를 설치한다. 유공관(스트레이너)은 지하수가 많이 나오는 구간을 중심으로 설치하지만, 정확히 지하수가 나오는 구간의 파악이 어려울 때는 하단부를 중심으로 설치한다.

연결부분이 나사로 된 유공관과 무공관은 회전하여 연결하지만, 나사가 없는 PVC 파이프일 경우에는 연결부(커넥터)를 접착제로 연결하면 작업 도중에 연결된 부위가 떨어지거나 파이프를 떨어뜨릴 수 있다. 우물 자재는 설치 전에 파손 등을 고려하여 여분의 우물 자재를 미리 준비하여 접착제 작업 등을 최소화한다. 수중으로 들어가는 구간은 우물 자재가 빠져 버릴 때 회수하거나 다시 연결이 어려우므로 주의가 필요하다. 적정한 접착제 사용량을 지켜서, 수질 문제가 발생하지 않도록 한다. 우물 자재를 설치할 때는 작업자 변동 없이 숙련된 작업자가 우물 자재 설치 작업이 마칠 때까지 작업하여, 작업 중에 변화를 파악하여 대처가 가능하다.

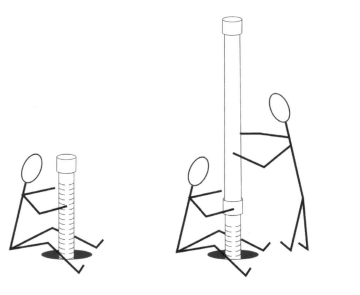
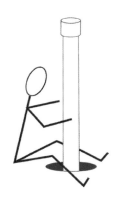

(Adapted from Robert Vuik, 2010)

그림 4.18 우물 자재 설치 작업

4.5 여과사 설치 및 오염방지 그라우팅

우물 자재 설치 후에는 우물 자재와 공벽 사이의 지하수가 유동하는 빈 공간을 계속 유지되도록 여과사(작은 자갈)를 채운다. 여과사는 공 붕괴를 막아주고, 물속 공간에서 지하수가 이동할 때 발생하는 와류를 방지하여, 양수 과정에서 미세한 토양입자들의 유입을 방지하여, 깨끗한 수질을 유지할 수 있다. 여과사는 현장 인근에서 구할 수 있는 모래를 채를 치는 작업을 해서 일정한 크기의 모래를 고를 수 있다. 여과사를 설치하면, 우물 자재 내부로 물을 부어서 여과사와 주변에 있는 지층이 교란된 것을 안정화가 되도록 한다.

여과사 설치는 우물 자재 설치 후에 수행되며, 그라우팅 작업은 지층의 붕괴를 방지하고 오염을 막기 위해 여과사 위에 시멘트나 점토를 채우는 방식으로 진행한다.

여과사는 지하수위까지 설치하고, 지하수위 상부의 구간에는 벤토나이트나 시멘트, 점토 등을 이용해서 오염방지 그라우팅을 한다. 지하수공은 지표면에 오염된 물질이 가장 빠르게 이동할 수 있으므로, 지하수위 상부에서는 시멘트나 벤토나이트 등을 이용해서 주변의 오염물질이 우물 자재와 지층 사이의 공간을 타고 바로 침투되지 않도록 한다. 시멘트나 벤토나이트 같은 그라우팅 재료가 없을 때는 점토와 같은 물이 통과되지 않는 불투수성 재료를 이용한다.

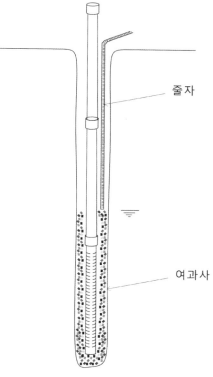

줄자

여과사

(Adapted from Robert Vuik, 2010)

그림 4.19 여과사 설치

그림 4.20 여과사   그림 4.21 여과사 체 선별 작업

Gravel packing in Tubewell

tin myo lwin
구독자 190명   구독

👍 11   👎   ➤ 공유   ⬇ 오프라인 저장   ☰+ 저장   ⋯

https://youtu.be/wMCyp6SS5FY?si=fyJn0diSDkwlR5fc

그림 4.22 여과사 설치 작업 동영상(Youtube)

4.6 공내청소

우물 자재와 여과사를 설치하고, 오염방지 그라우팅을 완료하면, 깨끗한 물을 여러 번 집어넣어서, 공내청소를 한다. 공내청소는 개발 과정에서 교란된 지층을 물로 씻어서 공 주변을 안정화하는 역할을 한다. 물로 공내를 안정시키는 것은 굴착 과정에서 공벽을 경계로 다져진 지층을 느슨하게 해 주고, 여과사 설치 과정에서 미세한 입자가 한쪽에 몰려 있는 등의 다양한 요인을 해결해 준다.

공내청소를 하는 가장 좋은 방법은 물을 집어넣고, 물을 양수하는 작업을 반복하면서, 깨끗한 물이 나올 때까지 청소하는 것이다. 양수가 어려운 현장 여건이라면 깨끗한 물을 최대한 많이 집어넣는 방법으로 공내청소를 한다.

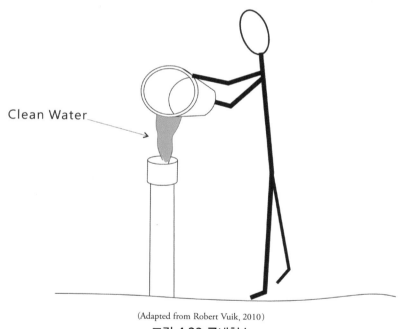

Clean Water

(Adapted from Robert Vuik, 2010)

그림 4.23 공내청소

4.7 관정 보호

관정 개발을 마무리하고, 이용 시설이나 펌프를 설치할 때까지 관정 상부에는 뚜껑을 덮고, 외부적인 요인으로 부서지지 않도록 해야 한다.

지하수 관정을 굴착하고 난 이후에는 어린이의 장난이나, 호기심으로 인한 파괴, 부지 분쟁에 따른 파괴, 토지 소유지나 주변 경작지나, 주민 간 분쟁 등으로 인해서 굴착된 관정을 파손하는 경우가 발생하는 때도 많이 있다.

물을 구하기 어려운 지역일수록 물에 대한 분쟁이 많이 발생하므로 이용 시설까지 최대한 신속하게 마무리하는 것이 좋다. 그렇지만, 현장 여건에 어려움이 있다면, 향후 문제를 미리 방지하기 위해서 다음 공정이 진행될 때까지 파손이 되지 않도록 한다. 장기간 작업을 하지 않을 때는 관정 외부에 콘크리트 블록 등을 이용해서, 차량 등과 접촉 사고가 발생하지 않도록, 벽체를 쌓아 두어서 향후 이용할 때까지 안전하게 보호해야 한다.

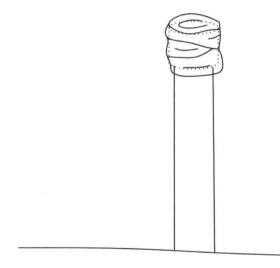

(Adapted from Robert Vuik, 2010)
그림 4.24 관정 보호

그림 4.25 가시덤불을 이용한 관정 보호(케냐)

4.8 참고도서와 비디오

제팅(jetting) 방법과 관련해서, 앞에서 언급된 내용을 좀 더 자세히 나와 있는 해외 책자의 내용과 그림 등을 본다면 더 자세히 이해할 수 있을 것이다(그림 4.26). 제팅 방식은 다양한 방식으로 변형되고, 기계장치를 활용하는 아래의 참고 동영상을 본다면 이해에 도움이 될 것이다.

그림 4.26 제팅관련 참고서적(PRACTICA)

Most Satisfying Borewell Complete Drilling | Well Drilling Rig Process for 450 Feet Deep Water

 Skill Spotter ✓
구독자 21.3만명

👍 3만　👎　　↗ 공유　　↓ 오프라인 저장　…

그림 4.27 제팅 원리 기계 굴착 동영상(Youtube)

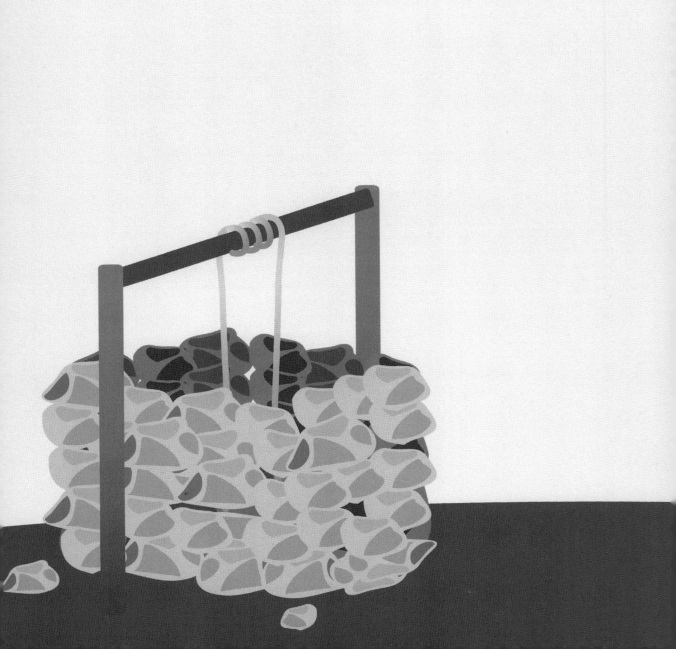

제5장

타격(Percussion) 방식

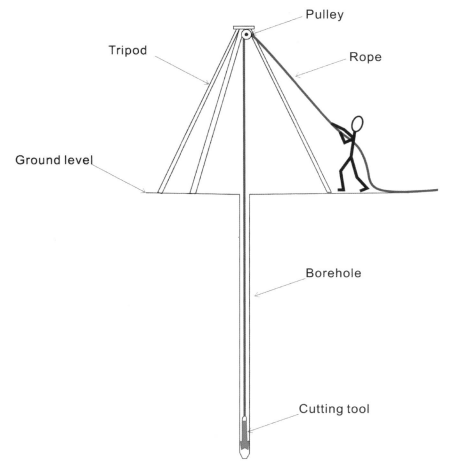

Pulley

Tripod

Rope

Ground level

Borehole

Cutting tool

그림 5.1 타격식 인력 관정 개발 모식도

5.1 개요

타격(percussion) 방식은 중력과 도구의 무게를 이용하여 지층을 파쇄하는 방법으로, 삼발이(tripod)와 타격 해머를 사용한다. 주로 단단한 암반으로 이루어진 지역에서 지하수를 개발하고자 할 때 무거운 물체를 낙하시켜서 파쇄(break/loose)하면서 베일러로 슬라임을 제거(remove/clean)하는 방식이다. 인력으로 약 50kg 해머를 높은 곳에서 중력 낙하시켜 지하 지층을 파쇄하는 역할을 하고, 베일러(bailer)를 이용해서 슬라임을 제거한다.

타격 방식은 모래층과 같이 무너지는 지층보다는 풍화암과 같이 고결된 지층을 통과하는 데 효과적이다. 부서진 암석을 제거하는 데 시간이 오래 걸리고, 해머와 베일러(bailer)의 계속된 반복 작업을 통해서 작업이 진행된다. 타격식 방법으로는 지역마다 차이가 있을 수 있으나, 최대 25m까지 개발할 수 있다.

5.2 장단점

타격(percussion) 방식의 장점은 간단한 운영과 관리로 개발할 수 있고, 암석으로 이루어진 지역에서 적용 가능하다. 지하수위와 상관없이 작업을 할 수 있으며, 암반이 나와서 더 이상 굴착할 수 없는 다른 방법에 비해 깊은 곳까지 팔 수 있는 장점이 있다.

단점으로는 파쇄 작업과 부서진 암석 조각을 제거하는 반복 작업을 계속해야 하므로 굴착 깊이가 깊어질수록 작업 속도가 느려지며, 타격 해머가 50kg 이상으로 무게로 인해 작업이 어려우며, 암석이 불안정할 때는 중간에 공내 붕괴 등의 문제가 발생할 수 있다. 물이 없는 구간에서는 깨진 슬라임을 효율적으로 지표면으로 올리기 위해서 약간의 작업 용수가 필요할 수 있다.

5.3 굴착 단계

5.3.1 굴착 준비

굴착 위치를 결정하고, 삼발이 중심에 맞도록 설치한다. 도르래(pulley)와 기둥을 삼발이 형태로 설치해서 도르래 작동과 평형이 되도록 한다. 굴착 해머와 베일러(bailer)가 오르고 내리는 반복 작업을 해야 하고, 삼발이가 움직이면 해머의 낙하지점이 변경되어 작업 효율이 저하되므로 무거운 물체의 움직임과 충격에도 흔들리지 않도록 삼발이다리를 땅속까지 깊이 설치해서 작업 도중에 움직이지 않도록 한다. 밧줄(rope)을 도르래에 넣는다. 무거운 해머를 사용하기 때문에 도르래와 밧줄의 역할이 중요하다.

굴착 위치는 해머와 베일러를 반복적으로 넣고 빼는 작업을 하면서, 올라온 지층 조각(슬라임)을 쌓아 두어야 하고, 작업자가 시추공 주변으로 계속 움직이는 동선이 넓으므로, 충분한 작업공간을 확보해야 한다.

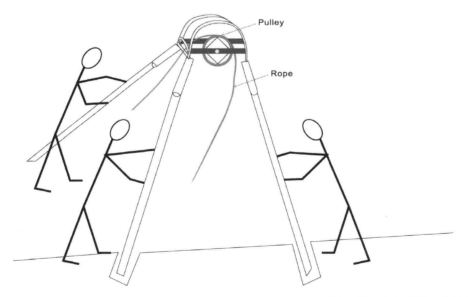

(Adapted from Robert Vuik et al., 2010)

그림 5.2 삼발이 설치

5.3.2 밧줄(rope)

삼발이에 연결된 밧줄은 해머를 위아래로 움직여 지층을 파쇄하며, 밧줄의 길이와 조작 방식에 따라 타격 깊이와 정확도를 조정할 수 있다. 타격식은 위아래로 움직이는 횟수가 많고, 지층과 다른 장비에도 큰 충격이 가해지므로 밧줄의 역할이 중요하다. 밧줄(rope)은 천연재료를 이용한 단단한 제품을 사용하는 것이 좋지만, 튼튼한 밧줄일수록 무게가 많이 나가서 작업 효율이 떨어질 수 있으므로, 적정한 밧줄을 선택해야 한다.

밧줄 앞부분은 다른 부위에 비해서 가장 많은 힘이 가해지고, 둥근 매듭을 하면 떨어질 수 있으므로, 로프 아이(rope eye)에 밧줄을 감아서 완벽한 결속이 되도록 해서, 묶이는 부분에는 그림 5.3과 같이 별도의 밧줄을 감아서 풀리지 않도록 한다. 로프 아이(rope eye)에 체인 샤클(chain shackle)을 넣어서 밧줄 올리고 내리는 작업을 한다.

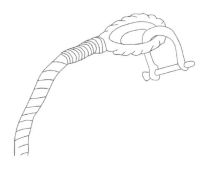

(Adapted from Robert Vuik et al., 2010)

그림 5.3 로프 매듭 모습

5.3.3 선도공 굴착

설치된 삼발이 도르래에 해머를 설치하고, 해머로 타격할 위치가 결정되면, 지표 토양층을 오거(auger)로 우선 굴착한다. 그림 5.4와 같이 오거로 토양과 흙이 있는 구간을 최대한 굴착을 하여, 선도공(pilot hole)을 만든다. 암반이나 단단한 지층이 나타나는 심도부터 해머를 이용해서 굴착한다. 오거 굴착은 지하수면까지 가능하면, 토양층은 타격식 굴착보다는 오거식으로 굴착하는 것이 더 효율적이다.

굴착공에서 모래나 자갈로 된 지층에서 점토를 섞은 이수(mud water)를 이용해서 공내 붕괴를 방지하면서 굴착할 수 있다. 만약 공내 붕괴를 일으키는 지층이 지표면에서 가깝다면, 굴착 효율을 높이기 위해서 파이프를 이용해서 무너지는 구간에 케이싱을 설치할 수 있다.

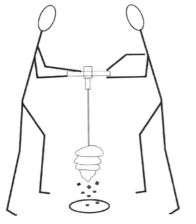

(Adapted from Robert Vuik et al., 2010)

그림 5.4 오거 선도공 굴착

(Adapted from Robert Vuik et al., 2010)

그림 5.5 점토물 채움

5.3.4 굴착작업

굴착작업은 해머를 반복적으로 떨어뜨려 지층을 파쇄하며, 파쇄된 물질은 베일러로 제거한다. 선도공 굴착을 완료하고, 암반이 나타나면, 설치된 삼발이 도르래에 해머를 연결하여 작업을 준비한다. 작업자 3명이 한 조로 구성되고, 작업자 1명은 밧줄을 조절하며 작업지시를 하고, 작업자 2명은 지시자 명령에 따라 줄을 당기고 놓는 과정을 반복한다. 너무 높은 곳에서 낙하하면 굴착공 최하부에 도착하기 전에 공벽을 타격하여 굴착공 내에 비스듬히 완전히 박힐 수 있으므로 주의해야 한다.

슬라임이 많이 쌓여 있으면, 타격 효과가 감소하므로, 중간중간에 베일러(bailer)로 슬라임을 제거하고, 다시 타격하는 반복적인 작업이 필요하다. 베일러 하부는 게이트가 열리고 닫히는 구조로 만들고, 적정량을 반복적으로 제거해야 한다.

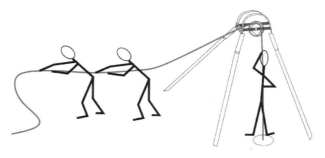

그림 5.6 타격식 해머 굴착

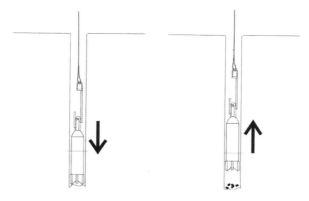

그림 5.7 타격식 해머 상하 이동

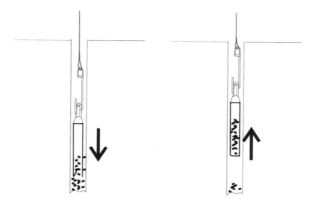

그림 5.8 파쇄 암석 베일러 제거

그림 5.9 Weighted drill bit(www.akvo.org)

그림 5.10 굴착 모습(www.akvo.org)

5.3.5 써징 작업

원하는 굴착 심도까지 굴착을 완료하거나 원하는
양의 지하수가 확보되면 굴착을 종료한다. 굴착 종
료 후에는 물과 베일러를 이용해서 공 내부를 청소
한다. 청소는 공내에 물을 채우고, 베일러를 위아래
로 이동하면서 주변에 걸려 있는 암석이나, 굴착 과
정에서 공벽을 유지하고 있던 점토 등을 제거한다.

써징(surge) 작업은 갑자기 압력이나 흐름의 변화
를 발생시켜, 공벽 주변에 붙어 있는 조각이나 물에
있는 이물질 등을 제거해 주는 역할을 한다. 타격식
굴착공의 경우에는 베일러를 이용하여 공 내부의 깨
진 암석 조각을 제거하고, 관정 내부의 교란되었던
대수층 내 지하수를 이동시켜 다시 재배열하여 대수
층 기능을 원활하게 한다.

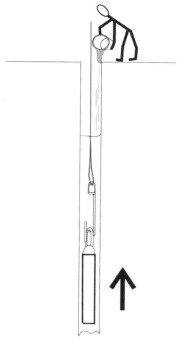

(Adapted from Robert Vuik et al., 2010)

그림 5.11 공내청소

5.4 우물 자재 설치

우물 자재 설치는 굴착작업 후 공내 심도를 확인한 뒤 지하수 공내로 유공관(스트레이
너)을 지하수가 유입되는 구간에 설치한다. 자세한 내용은 제팅 방식의 우물 자재 설치(4.4)
와 같다.

5.5 여과사 설치 및 오염방지 그라우팅

우물 자재를 설치한 이후에는 우물 자재와 공벽 사이의 빈 공간이 지속적으로 유지되도록 여과사(작은 자갈)를 채우고, 그 상부에는 오염방지 그라우팅을 한다. 자세한 내용은 제팅 방식의 여과사 설치 및 오염방지 그라우팅(4.5)과 같다.

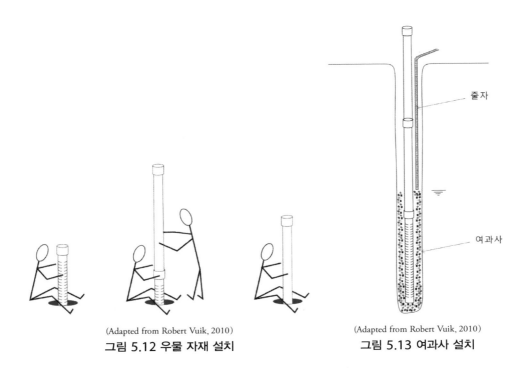

(Adapted from Robert Vuik, 2010)

그림 5.12 우물 자재 설치

줄자

여과사

(Adapted from Robert Vuik, 2010)

그림 5.13 여과사 설치

5.6 공내청소

우물 자재와 여과사를 넣고, 오염방지 그라우팅을 완료 후에는 깨끗한 물을 이용해서 깨끗한 지하수가 나올 때까지 공내청소를 한다. 자세한 내용은 제팅 방식의 공내청소(4.6)와 같다.

5.7 관정 보호

관정 굴착을 마무리하고, 펌프를 설치할 때까지 관정을 보호한다. 자세한 내용은 제팅 방식의 관정 보호(4.7)와 같다.

그림 5.14 공내청소

그림 5.15 관정 보호

5.8 참고도서와 동영상

타격방식 지하수 개발에 대해서, 해외 책자(그림 5.16)의 내용과 그림을 본다면 더 자세히 알 수 있고, 다양한 기계와 같이 사용하는 아래의 참고 동영상(그림 5.17)을 본다면 이해에 도움이 될 것이다.

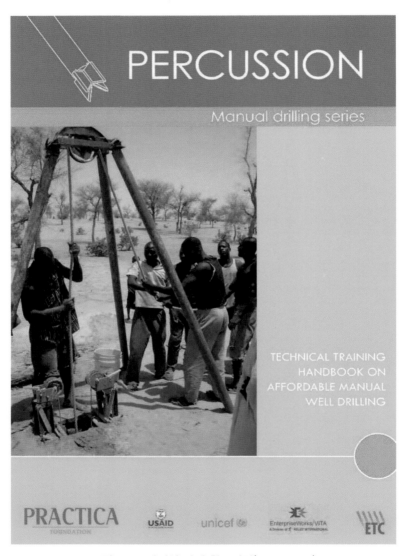

그림 5.16 타격식 관련 참고서적(PRACTICA)

Drilling-101: Cable percussion drilling

CC Ground Investigations Ltd
구독자 364명   구독

👍 574   👎   ↪ 공유   ↓ 오프라인 저장   ✂ 클립   ⋯

https://youtu.be/BhjNXKbxhkk?si=b2XDu5ahHQnCF4hA

그림 5.17 타격식 기계 굴착 동영상(Youtube)

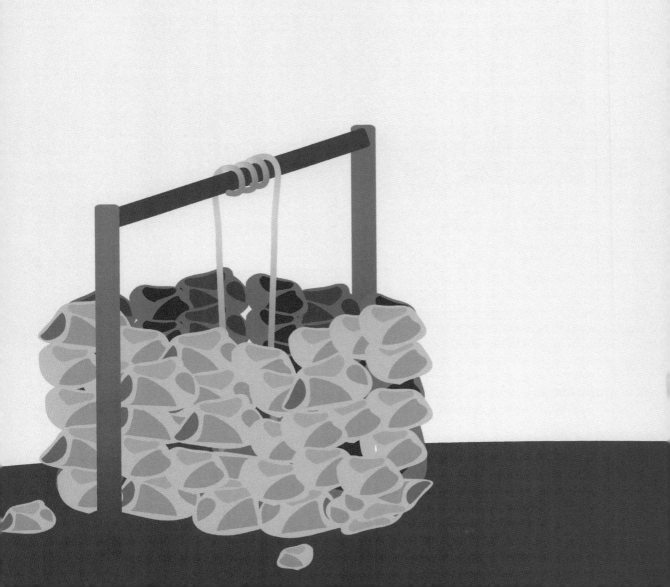

제6장

오거(Augering) 방식

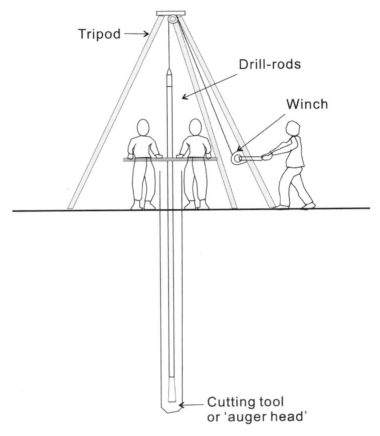

Tripod

Drill-rods

Winch

Cutting tool
or 'auger head'

(Adapted from Iboro)

그림 6.1 오거 방식 인력 관정 개발 모식도

6.1 개요

오거(auger) 방식은 미고결 지층에서 오거를 회전시켜 지층을 파쇄(break/loose)하고, 슬라임을 제거(remove/clean)하는 방법이다. 지하수위에 도달하면 케이싱을 설치해서 지보(support)하여 베일러(bailer)를 이용해서 목표심도까지 굴착한다. 큰 암석이 발견되면 작업을 중단하거나 다른 방식으로 전환해야 한다.

핸드오거 방식은 충적층 지역에서 지하수 개발에 적합하며, 얇은 우물을 굴착하는 데 효율적이다. 오거 방식은 지하 지층 상태에 따라 15~25m 깊이까지 굴착할 수 있다.

6.2 장단점

오거 방식은 비용이 저렴하고, 고난도 기술이 필요하지 않아 쉽게 사용할 수 있는 장점이 있지만, 굴착 속도가 느리고 장비가 무겁다는 단점이 있다.

6.3 굴착 단계

6.3.1 선도공(pilot hole) 굴착

주변에 암석이 없을 것으로 추정되는 지역을 중심으로 착공할 위치를 결정한다. 작업자 2명이 오거를 회전시키며, 한 번에 약 30cm 깊이로 굴착한다. 오거에 충적층이 채워지면, 작업자가 이를 지표면으로 올려 제거한다.

오거를 인양할 때 오거 날 사이에 채워진 토양들이 떨어지지 않도록, 작업자들의 작업 호흡이 중요하다. 지표면에서 오거를 기울여서 오거 날 사이에 채워진 슬러지를 제거한다. 건조된 모래층에서 적정한 물을 첨가해서 자연 상태보다는 적정한 끈적임을 유지하는 것이 효율적이다.

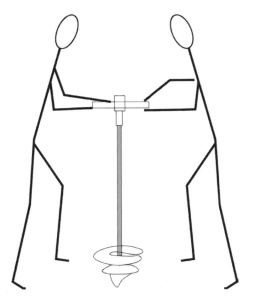

(Adapted from Julien Labas et al., 2010)

그림 6.2 선도공 오거 작업

6.3.2 연장 로드 연결

파이프로 만들어진 로드(rod)는 약 1.5m 정도의 길이가 적정하며, 상하부로 연결하기 쉬운 구조여야 한다. 일반적인 연결 방식은 그림 6.3과 같이 연결커넥터에 구멍을 뚫어서 키를 삽입하여 결합하는 방식을 사용한다. 회전할 때 키에 많은 힘이 가해져야 하므로, 키 재질과 키가 빠지지 않도록 키 양쪽에 구멍을 뚫어서, 철사와 같은 끈을 이용하거나 다양한 방법으로 키가 빠지지 않도록 해야 한다. 처음 상부를 굴착할 때부터 수직을 맞추어서 심도가 깊어질수록 지하수공이 기울어지지 않도록 한다(그림 6.3).

6.3.3 지하수위 상부 굴착

지하수위가 나올 때까지 1.5m짜리 로드를 연결하면서 오거를 회전시켜 굴착한다. 로드 인양 과정에서 하부의 오거와 흙이 공 내부로 떨어지지 않도록 한다. 굴착 과정에서 오거를 올리고 내리는 과정에서 작업자들의 작업 호흡 및 경험이 중요하다. 작업자 피로도에 따라 작업 속도가 급격히 떨어질 수 있으므로, 작업강도에 대한 고려가 필요하다. 인양된 지층을 지켜보면서, 무너지는 지층의 존재 여부 등 지층변화를 파악하면서 작업한다(그림 6.4).

(Adapted from Julien Labas et al., 2010)

그림 6.3 연장 로드 연결

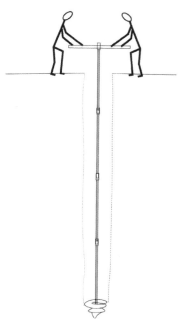

(Adapted from Julien Labas et al., 2010)

그림 6.4 지하수면까지 굴착

제6장 오거 방식 **127**

(a) 원형 오거(conical auger)

(b) 강가 비트(riverside bit)

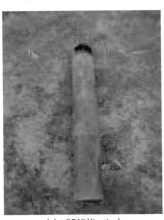

(c) 베일러(bailer)

(d) 외부 케이싱 발판(auger platform)

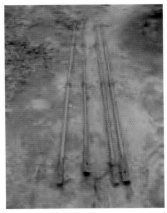

(e) 3m 연결 로드(extension rod 3m)

(f) 외부 케이싱(PVC casing)

그림 6.5 오거 방식 사용 도구(PRACTICA, 2010)

6.3.4 외부 케이싱 설치

지하수위 하부에서 물이 포함된 지층을 오거로 굴착하면, 지하수를 포함한 충적층 토양들이 제거되지 않고 공내로 흘러내리면서 오거로는 제거(remove/loose)와 파쇄(break/loose)가 어려워진다. 외부 케이싱을 설치하여 공벽 붕괴를 방지하며, 이후 베일러를 사용하여 목표심도까지 굴착한다. 케이싱은 설치 후 인양해 다른 현장에서 재사용할 수 있다.

케이싱 설치는 영구적 설치와 임시적 설치의 2가지 방법이 있다. 영구 케이싱(우물 자재)은 우물 자재 하부에 PVC 스트레이너를 넣고, 스프레이나 외부를 물이 통과하는 천으로 감아서 케이싱 역할을 하도록 설치한다. 영구 케이싱을 우물 자재로 바로 설치하면 시간적인 측면에서 장점이 있지만, 케이싱과 우물 자재의 역할을 같이 해야 하므로 강도가 높은 것을 설치해야 하므로 가격이 비싸고, 실패했을 때 회수가 어렵다는 단점이 있다.

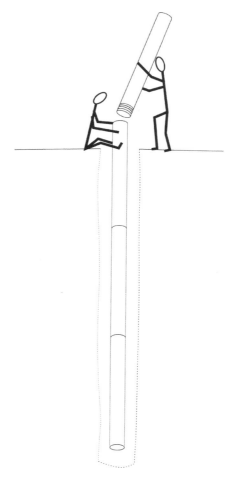

(Adapted from Julien Labas et al., 2010)

그림 6.6 외부 케이싱 설치

임시적 외부 케이싱 설치는 철제파이프나 강도가 높은 PVC 파이프를 외부 케이싱으로 사용한 후, 공내 최종 굴착을 마치면, 케이싱 내부에 PVC 우물 자재를 설치하고, 케이싱을 인양한다. 임시적 외부 케이싱을 설치하는 방식은 케이싱을 회수하므로 내부 PVC 강도가 상대적으로 낮고, 구경이 작아서 가격이 저렴해서 공사비에서 장점이 있지만, 시간이나 케이싱 회수와 같은 작업의 번거로움이 발생하는 단점이 있다.

6.3.5 지하수위 하부 베일러 굴착

지하수위 아래에서 베일러를 사용해 슬러지와 토양을 제거하는 작업은 매우 중요하다. 먼저 외부 케이싱 상부에 사람이 서 있을 발판을 설치한다. 4명의 작업자 중 1명이나 2명은 발판 위에서 베일러를 회전시켜 물에 포화된 토양과 자갈을 베일러 내부에 쌓이도록 한다. 베일러에 지하 지층이 쌓일수록, 작업자의 체중과 파이프의 무게로 외부 케이싱이 조금씩 내려간다. 만약 베일러로 지하 지층을 많이 제거하여도, 외부 케이싱이 내려가지 않는다면 작업자의 무게나 별도의 하중을 주어서 지하로 내려가도록 한다.

베일러를 회전하고 상하 이동을 반복하면서 파쇄(break/loose)되고, 파쇄된 지층을 제거(remove/clean)한다. 베일러 올리는 작업 중에 모래와 같은 지층 찌꺼기가 물과 같이 베일러 밖으로 빠져나가지 않도록 한다.

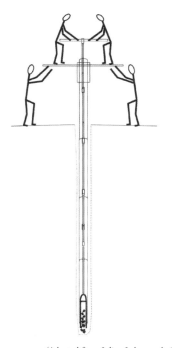

(Adapted from Julien Labas et al., 2010)

그림 6.7 베일러 굴착

(PRACTICA, 2010)

그림 6.8 외부 케이싱 내 베일러 굴착

6.3.6 내부 우물 자재 설치

지하수면 하부로 충분한 지하수가 확보되면, 외부 케이싱 안으로 PVC 우물 자재를 설치한다. 우물 자재는 외부 케이싱보다 저렴한 자재를 사용하는 것이 경제적이다. 케이싱보다는 구경이 작고 적당한 강도를 가진 PVC를 사용하여도 문제가 발생하지 않는다. 다른 방법에 비해서, 외부 케이싱이 있다는 차이점이 있지만, 일반 지층의 공벽보다 깔끔한 외부 케이싱 내부로 우물 자재를 빨리 설치할 수 있다. 우물 자재의 유공관(스트레이너)은 지하수위 하부 구간에 설치한다. 자세한 내용은 제팅 방식 우물 자재 설치(4.4)와 같다.

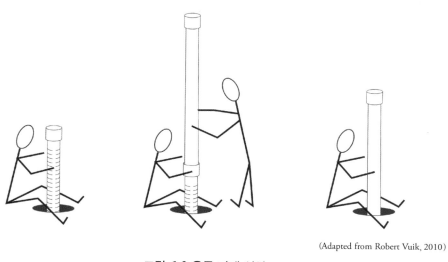

(Adapted from Robert Vuik, 2010)

그림 6.9 우물 자재 설치

6.3.7 외부 케이싱 인양

작업에 사용했던 외부 케이싱은 다른 작업에도 계속해서 사용해야 하므로, 파손이 발생하지 않도록 인양한다. 지층에 따라서 외부 케이싱이 인양되지 않거나 끼임이 발생해서 어려움이 있으므로, 숙련된 기술자의 경험으로 힘과 기술이 필요하다.

특히, 나사산으로 연결된 외부 케이싱이 지층에 끼어서 좌우로 흔들 때 부서지거나 회전 방향을 반대로 해서 중간에 연결부위가 풀리지 않도록 주의한다.

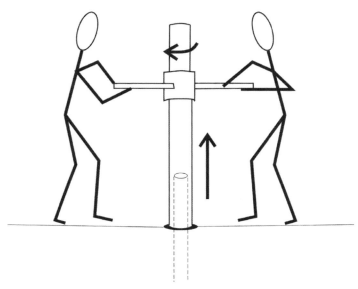

(Adapted from Julien Labas et al., 2010)

그림 6.10 외부 케이싱 인양

6.4 여과사 설치 및 오염방지 그라우팅

우물 자재를 설치한 이후에는 우물 자재와 공벽 사이의 빈 공간이 지속해서 유지되도록 여과사(작은 자갈)를 채우고, 그 상부에는 오염방지 그라우팅을 한다. 자세한 내용은 제팅 방식의 여과사 설치 및 오염방지 그라우팅(4.5)과 같다.

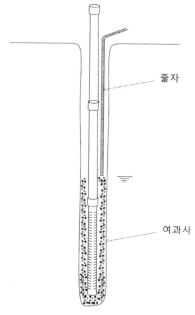

(Adapted from Robert Vuik, 2010)

그림 6.11 여과사 설치

6.5 공내청소

우물 자재와 여과사를 넣고, 오염방지 그라우팅을 완료한 후에는 깨끗한 물을 이용해서 깨끗한 지하수가 나올 때까지 공내청소를 한다. 자세한 내용은 제팅 방식의 공내청소(4.6) 와 같다(그림 6.12).

6.6 관정 보호

　우물 자재와 여과사를 넣고, 오염방지 그라우팅을 완료 후에는 깨끗한 물을 이용해서 깨끗한 지하수가 나올 때까지 공내청소를 한다. 자세한 내용은 제팅 방식의 관정 보호(4.7)와 같다.

(Adapted from Robert Vuik, 2010)

그림 6.12 공내청소　　　　　　　　　　그림 6.13 관정 보호

6.7 참고도서와 동영상

　오거 방식 지하수 개발에 대해서, 해외 책자(그림 6.14)의 내용과 그림을 본다면 더 자세히 알 수 있고, 다양한 기계와 같이 사용하는 아래의 참고 동영상(그림 6.15)을 본다면 이해에 도움이 될 것이다.

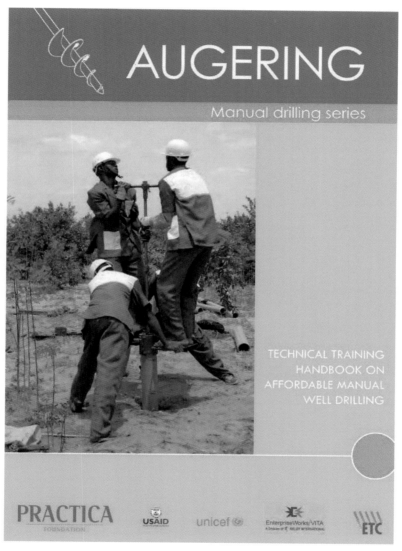

그림 6.14 오거식 관련 참고서적(PRACTICA)

수제 우물 드릴 장비 기계, 집에서 우물 만드는 법 DIY - 4K

Super Fast Driver
구독자 1.32만명

그림 6.15 오거식 기계 굴착 동영상(Youtube)

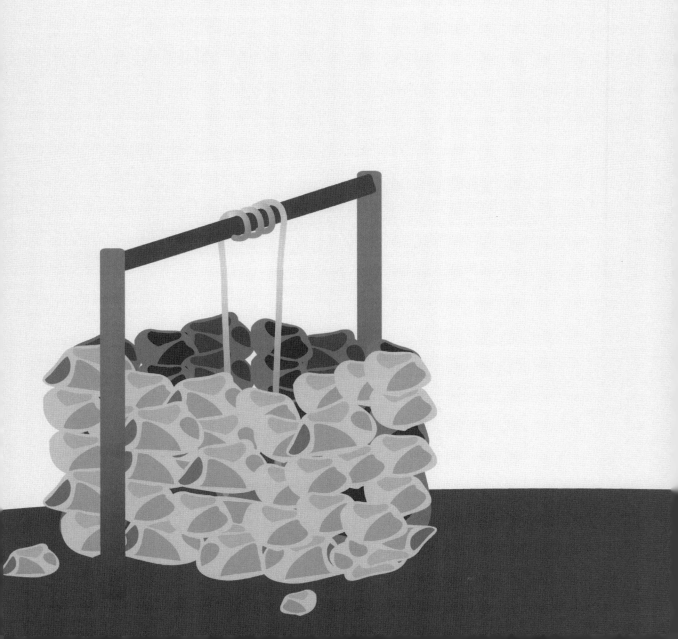

제7장

슬러징(Sludging)

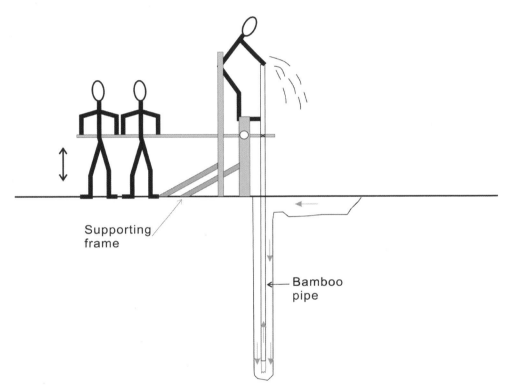

Supporting
frame

Bamboo
pipe

그림 7.1 슬러징 방식 인력 관정 개발 모식도

7.1 개요

슬러징 방법은 물과 공기의 압력을 사용하여 지층을 굴착하는 방식으로, 주로 모래질 점토 지층에서 효과적이다. 슬러징 방식은 장비가 간단하고 저비용으로 운영할 수 있다. 제팅 방식처럼 로드(rod) 안으로 물을 쏘는 것이 아닌, 대나무나 파이프와 연결된 비트로 계속해서 파면서 일정한 수위를 유지하면서, 로드 내부를 진공으로 만들었다가 갑자기 진공을 해제시키면서 로드 안으로 물을 빼는 방식으로 사용한다. 파쇄(break/loose) 과정에서 발생하는 슬러지가 로드 내부에서 계속 들어오면서 지층 조각을 제거(remove/clean)한다.

슬러징 방법을 사용하면 35m까지 지하를 굴착할 수 있다. 제팅과 가장 큰 차이점은 제팅은 물을 쏘기 위한 성능 좋은 엔진 펌프가 필요하지만, 슬러징 방법은 사람의 손바닥으로 진공을 만들어서 파쇄하는 방법을 이용한다.

그림 7.2 슬러징 방식 Manual Drilling(출처: PRACTICA Homepage)

7.2 장단점

슬러징(sludging) 방식은 지역에서 구하기 쉬운 대나무나 파이프와 같은 현지 재료를 이용함으로써 저비용이면서, 자재 수급 등이 쉽다. 슬러징 방식은 다양한 지층에서 적용할 수 있지만, 제팅이나 오거(auger) 방식보다 모래질 점토 토양(sandy-clay soils)에서 효과적이다.

슬러징 방식은 제팅(jetting) 방식보다 더 간단한 장비로도 작동하며, 연료나 장비 비용이 적게 드는 장점과 현지에서 쉽게 구할 수 있는 재료로 장비를 제작할 수 있어 경제적인 장점도 있다.

단점으로는 일정한 수위 유지를 위해서 많은 양의 물이 필요하므로 하천이나 인근의 관정에서 작업 용수를 확보해야 한다. 굴착지점에 커다란 바위나 돌이 로드(rod)나 비트(bit) 직경보다 크면, 더 이상 굴착이 어려운 한계점이 있다. 또한 지하 공동이나, 큰 대수층을 이루는 틈이 있으면 지층 내부 물질을 파이프로 깨진 슬라임을 끌어올리기 어렵다.

7.3 굴착 단계

7.3.1 기둥 설치

기둥 설치는 로드의 상하 운동을 돕기 위한 것으로 기둥은 땅속에 튼튼하게 고정해야 한다. 기둥은 작업 과정에서 기준 역할을 하며, 지지대를 부착해 흔들림을 방지한다(그림 7.3).

지표에서 50cm 정도의 높이 기둥이 움직이지 않도록 가로 나무 널빤지(넓이 10cm, 길이 80cm)를 양면으로 부착한다. 기둥 상부에는 끝단 막대(지름 10mm, 길이 200mm)가 달린 "I"자형 가로 막대(지름 30mm, 길이 500mm)를 설치한다. "I"자형 막대를 기준으로 지렛대가 이룰 수 있도록 한다(그림 7.3).

기둥은 직경 10~14cm 길이 240cm의 충분한 강도를 가진 튼튼한 나무를 사용한다.

7.3.2 지렛대 레버 고정

지렛대(지름 7~8cm, 길이 250cm)가 작업 기준이 되고, 로드를 올리고 내리기가 쉽도록 지렛대를 설치한다. 지름 80mm, 두께 5mm, 길이 70mm 철제파이프를 반으로 자른 철제파이프를 기둥에서 약 40cm 지점에 움직일 때 발생하는 마모를 방지하기 위해서 못으로 부착한다. 지렛대를 가로 막대에 부착된 철제파이프를 기준으로 움직이도록 한다. 움직이는 부분은 작업 중에 다른 쪽으로 움직이는 것을 방지하기 위해서 로프로 묶어서 작업 도중에 힘을 주는 과정에서 갑자기 빠져 버리는 일이 발생하지 않도록 해야 한다(그림 7.4).

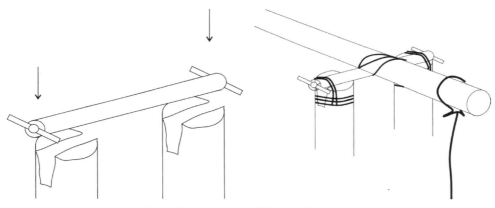

(Adapted from Arjen van der Wal & Robert Vuik, 2011)

그림 7.3 기둥 설치   그림 7.4 지렛대 고정

7.3.3 굴착 준비

작업 지렛대(lever)를 설치하고, 철제로 된 와이어를 부착하고, 굴착한 자리에 맞도록 고정한다. 머드 피트(mud pit)와 최종적으로 설치해야 하는 것들의 명칭과 재원은 그림 7.5와 같다. 슬러징에서 사용하는 체인은 강도와 내구성을 가지는 철제 체인을 사용한다.

선도공(starter hole)은 지렛대를 수평으로 할 때 체인이 떨어지는 중심 지점에서 바깥쪽으로 약 2cm 정도 차이가 떨어지는 지점을 중심으로 굴착을 한다. 선도공은 오거(auger)나 철제 막대로 1.5m 정도를 굴착하는 것이 슬러징으로 전 구간을 굴착하는 것보다 굴착 속도가 빨라진다.

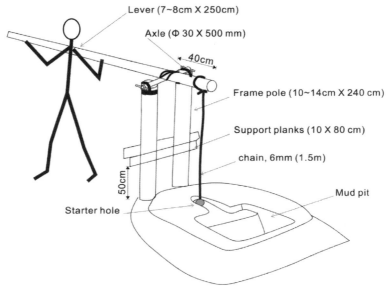

(Adapted from Arjen van der Wal & Robert Vuik, 2011)

그림 7.5 슬러징 방식 부분별 명칭

7.3.4 머드 피트(mud pit) 설치

머드 피트는 슬러지를 침전시키고 지하수위를 유지하는 역할을 한다. 이를 위해 점토나 방수천으로 방수 처리하여 작업 용수 토양으로 빠져나가는 것을 방지해야 한다. 특히, 점토가 마르면, 틈(crack)이 발생하여 틈으로 물이 새어 버릴 수 있으므로, 점토로 처리할 때는 틈이 발생하지 않도록 주의한다.

머드 피트는 기본적으로 깊은 쪽과 얇은 쪽으로 구분되며, 그림 7.6의 규격으로 삽을 이용해서 만든다.

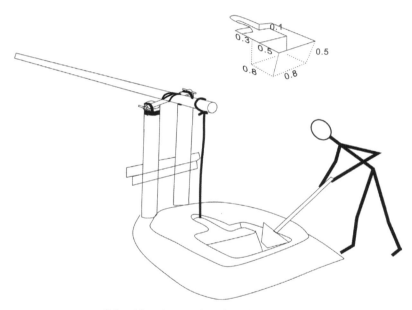

(Adapted from Arjen van der Wal & Robert Vuik, 2011)

그림 7.6 머드 피트(mud pit) 파기

7.3.5 작업 용수

작업준비가 다 되면, 머드 피트에 작업 용수를 채운다. 작업 용수는 작업장 인근 하천이나 주변 지하수 관정에서 확보한다. 작업 용수가 부족하면 작업 도중에 굴착하던 관정이 무너질 수 있으므로, 충분한 작업 용수를 미리 준비해야 한다(그림 7.7).

작업 도중에 물을 공급하지 못하고 부족한 현상이 발생하게 되면, 첨가제를 많이 넣어서 작업 용수의 손실을 줄일 수 있다. 첨가제 농도가 높아지면 점성이 높아져 작업 용수는 점점 끈적거리게 되어 첨가제는 작업 용수 손실과, 공내 붕괴 방지 등에 효과가 있다.

첨가제는 폴리머(그림 9.15) 등을 주로 이용하지만, 제품 수급이나 가격 등에 어려움이 있다면 현장에서 쉽게 구할 수 있는 소똥도 효과적이다. 소똥의 큰 덩어리를 제외하고, 첨가하면 화학적 첨가제와 비슷한 효과를 가지지만, 생물학적인 오염을 방지하기 위해, 작업을 마치고 난 이후에는 충분한 양수를 하거나 소독 약품을 사용하여 공내청소 및 소독을 해야 한다.

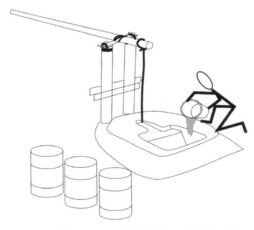

(Adapted from Arjen van der Wal & Robert Vuik, 2011)
그림 7.7 작업 용수 채우기

7.3.6 드릴링 비트 조립

드릴링 비트는 다양한 형태로 만들 수 있다(그림 7.8). 드릴링 비트 크기가 다른 파이프와 철판 등을 이용한 것으로 지역마다 특성이 있고, 작업자나 주변 지역의 특성에 따라 드릴링 비트 형태가 다를 수 있으므로, 꼭 동일한 형태의 드릴링 비트를 사용할 필요는 없다.

드릴링 비트 전면부 파이프 공간과 연결 로드(rod)로 굴착된 지층 조각들이 지표로 올라가게 된다. 직접 제작한다면 참고문헌(Arjen van der Wal & Robert Vuik, 2011)의 상세한 설계도(그림 7.9)를 활용할 것을 권장한다.

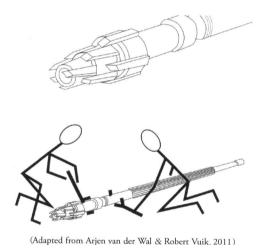

(Adapted from Arjen van der Wal & Robert Vuik, 2011)
그림 7.8 드릴링 비트 연결하기

7.3.7 드릴링 파이프 설치

굴착 깊이에 따라 드릴링 파이프(로드)를 연결하며, 작업 용수를 주입하며 슬러지를 제거한다. 슬러징 비트와 드릴 파이프의 연결 상태를 지속적으로 확인해야 한다. 드릴링 파이프는 파쇄(break/loose) 효율을 높이기 위해 비트와 연결된 파이프 측면에 소구경 파이프를 둥글게 용접해서 드릴링 파이프 전체 하중을 증가시켜, 부력을 줄여 충격 효율을 높일 수 있도록 한다.

(a) 참고도서 설계도면

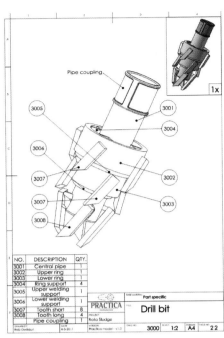

(b) Drill bit 상세도면 1

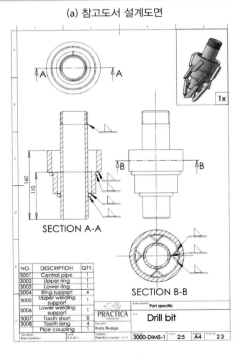

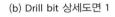

(c) Drill bit 상세도면 2

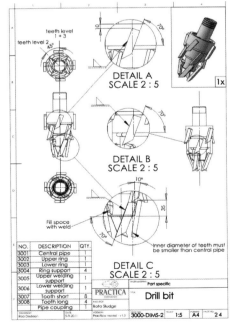

(d) Drill bit 상세도면 3

그림 7.9 슬러징 비트 관련 참고서적(PRACTICA)

드릴링 비트가 연결된 드릴링 파이프는 일반적인 밧줄(rope)과 체인(chain)을 집어넣고 인양할 때 사용한다. 드릴링 파이프와 로드(rod) 연결 작업 시에는 작업자 3명이 한 조가 되도록 하고, 연결 작업 중에 손에서 미끄러지는 사고 발생 등의 요소를 최소로 한다.

7.3.8 굴착작업

맨 앞에서 시추자(driller)는 로드(rod)가 상하로 움직일 때 오른손으로 로드(rod)의 구멍을 막고, 뒤쪽에 레버를 움직이는 작업자에게 작업지시를 내리면서 오른손을 막았다가 다시 여는 과정을 되풀이하면서 드릴링 파이프가 파쇄(break/loose)하면서 손으로 만든 진공 상태가 열리는 과정에서 슬러지가 포함된 용수가 로드 내부로부터 머드 피트 방향으로 떨어질 수 있도록 작업한다.

지렛대 작업자(lever operator)는 맨 뒤에서 작업지시에 따라 지렛대 레버를 상하로 움직이면서 드릴링 파이프가 지하 지층을 굴착하는 역할을 한다.

드릴 파이프 운전자(arm operator)는 중간에서 드릴링 파이프가 상하로 이동하는 과정에서 로드에 연결된 암을 이용해서 드릴링 파이프가 회전하도록 해서 파쇄 효율이 높아진다.

(Adapted from Arjen van der Wal & Robert Vuik, 2011)

그림 7.10 드릴링 파이프 설치　　　　그림 7.11 슬러징 굴착작업

7.4 우물 자재 설치

우물 자재 설치는 굴착작업 후 공내 심도를 확인한 뒤 지하수 공내로 유공관(스트레이너)을 지하수가 유입되는 구간에 설치한다. 자세한 내용은 제팅 방식의 우물 자재 설치(4.4)와 같다.

7.5 여과사 설치 및 오염방지 그라우팅

우물 자재를 설치한 이후에는 우물 자재와 공벽 사이의 빈 공간이 지속적으로 유지되도록 여과사(작은 자갈)를 채우고, 그 상부에는 오염방지 그라우팅을 한다. 자세한 내용은 제팅 방식의 여과사 설치 및 오염방지 그라우팅(4.5)과 같다.

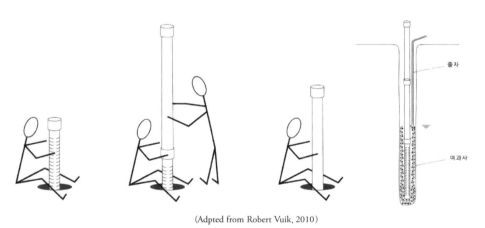

(Adpted from Robert Vuik, 2010)

그림 7.12 우물 자재 설치 작업   그림 7.13 여과사 설치

7.6 공내청소

우물 자재와 여과사를 넣고, 오염방지 그라우팅을 완료 후에는 깨끗한 물을 이용해서 깨끗한 지하수가 나올 때까지 공내청소를 한다. 자세한 내용은 제팅 방식의 공내청소(4.6)와 같다.

Clean Water

(Adapted from Robert Vuik, 2010)

그림 7.14 공내청소

7.7 관정 보호

관정 굴착을 마무리하고, 펌프를 설치할 때까지 관정을 보호한다. 자세한 내용은 제팅 방식의 관정 보호(4.7)와 같다.

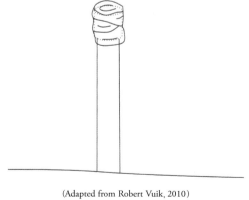

(Adapted from Robert Vuik, 2010)

그림 7.15 관정 보호

7.8 참고도서와 동영상

슬러징 방식 지하수 개발에 대해서, 해외 책자(그림 7.16)의 내용과 그림을 본다면 더 자세히 알 수 있고, 다양한 기계와 같이 사용하는 아래의 참고 동영상(그림 7.17)을 본다면 이해에 도움이 될 것이다.

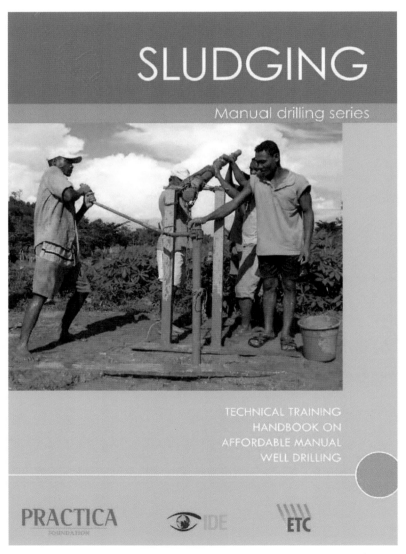

그림 7.16 슬러징 관련 참고서적(PRACTICA)

Rota Sludge Drilling Method

Southern Highlands Participatory Organization
구독자 12명   구독

🖒 3   🖓   ➦ 공유   ⬇ 오프라인 저장   🔖 저장   ⋯

그림 7.17 슬러징 방식 굴착 동영상(Youtube)

Drill bit foot valve above   EMAS Drilling Bit   Rota sulge drill bit(akvo.org)

그림 7.18 각종 Hand Drill Bit(RWSA, 2009)

그림 7.19 Baptist Drilling 도구(Henk Holtslag & Jonh de Wolf, 2009)

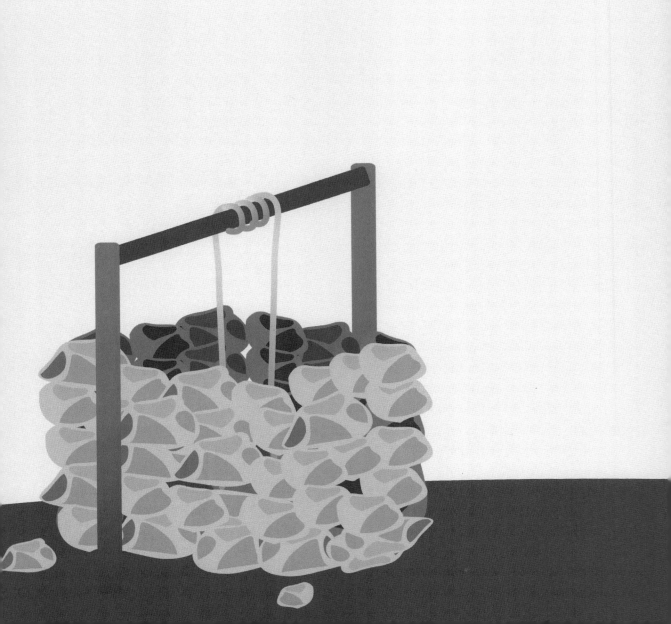

제8장

고심도 지하수 개발 사례
- 탄자니아 -

그림 8.1 지하수 시추장비(탄자니아)

본 장에서는 실제 탄자니아 지역에서 이루어졌던, 고심도 지하수 개발의 사례를 소개하고자 한다.

8.1 물리탐사

물리탐사는 지하 지층의 변화 여부 등을 파악함으로써 지하수 개발의 성공률을 높여 준다. 개발도상국에서는 지하수 개발 비용이 국내에 비해서 몇 배 이상 비싸므로, 정밀한 전기탐사를 통해서 성공률을 높이고 있을 수 있어, 물리탐사의 활용성이 높고, 전선, 수도관 등 인공 장애물의 간섭을 많이 받지 않아서, 탐사 정확도가 높다.

탄자니아 지하수 개발 프로젝트에서 실시한 물리탐사는 자력탐사와 전기비저항탐사로 정부 기관에서 실시하였다. 개발도상국의 경우에는 광업의 중요성이 높은 국가들이 많이 있어서, 광업이 활발한 국가에서는 높은 기술력을 가진 물리탐사 전문가를 찾기가 쉽다.

(a) 자력탐사

(b) 자력탐사 모습

(c) 전기비저항탐사 탐사봉 설치

(d) 전기비저항탐사 모습

그림 8.2 전기탐사(탄자니아)

8.2 지하수 굴착 장비

지하수 개발 시 상부의 전석층은 이수를 사용한 로터리 공법으로 굴착하고, PVC 케이싱을 설치한다. 그 후 하부 충적층은 트리콘 비트를 사용하여 추가로 굴착할 수 있다.

일부 지역에서는 국내와 같이 에어해머 방식으로 상부의 토사층에 케이싱을 설치하고, 굴착을 한다. 어떤 방식의 장비를 사용할 것이냐는 지층의 특성에 따라서 굴착 방법이 결정되므로, 굴착방식에 맞는 장비를 활용하여 굴착한다.

굴착 장비는 소형부터 대형까지 다양하며, 현장에 따라 발전기와 크레인 등이 기본적으로 적용되며, 굴착 장비는 거의 국내와 동일하다. 해외에는 도로 사정이 좋지 않고, 이동 거리가 많아서 국내와 달리 트럭에 탑재된 장비를 많이 사용한다.

그림 8.3 지하수 개발 장비(탄자니아)

8.3 지하수 굴착 비트

지하수 굴착 비트는 지층 상태에 따라 다양한 종류가 사용되며, 충적층 굴착에는 회전 비트가 주로 사용된다. 이 비트는 지층의 안정성을 유지하면서 굴착을 진행할 수 있도록 설계되었다.

그림 8.4 굴착 비트(탄자니아)

8.4 우물 자재

우물 자재는 플라스틱으로 된 자재를 사용하고 있다. 최근에는 PVC, PE 등 다양한 소재의 플라스틱 파이프가 생산되고, 지하수의 관정 및 이용의 중요도가 높으므로 우물 자재 등은 비교적 좋은 제품을 사용한다.

그림 8.5 우물 자재 및 우물 자재 설치(탄자니아)

8.5 여과사 설치

우물 자재와 외부 공벽 사이에서 공내 무너짐을 방지하면서, 빈 공간에서 발생하는 와류 발생을 억제하고, 미세 토사 유입을 방지하기 위해서 적정한 크기의 여과사(gravel, well pack)를 충전한다. 여과사(여과사리)를 설치함으로써, 우물로 급속히 물이 들어오는 것을 방지하고, 물의 흐름을 일정한 속도로 안정적으로 만들어서, 미세 토사 흐름이 일정하게 되어, 양수되는 우물의 탁류가 발생하는 것을 방지해 준다. 작은 여과사는 촘촘히 있어서 빈 공간이 줄어들어, 지하수의 유입을 방해하면서, 속도가 느려서 탁도 발생이 줄어든다. 큰 여과사는 미세입자의 토양이 빈 공간이 넓어서 속도의 저항 없이 바로 우물 자재 내부로 들어오기 때문에 탁도가 높은 지하수가 산출될 수 있다. 여과사 크기를 결정할 때는 현장 특성과 지역 경험을 고려하여 적정한 크기의 여과사를 결정해야 한다.

여과사를 설치할 때는 여과사 상태에 따라서 현장에서 채를 쳐서 분급을 일정하게 하고, 깨끗이 씻어서 우물 자재와 공외벽을 채우는 것이 좋다.

그림 8.6 여과사 설치(탄자니아, 에티오피아)

8.6 에어 써징

에어 써징은 압축공기를 이용해서 굴착공 내 슬러지와 파쇄된 암석을 제거하는 방법이다. 에어 써징을 통해서 공내 물의 흐름을 강화해 빠른 슬러지 제거를 가능하게 하며, 공벽의 안정성을 유지한다.

관정을 개발 후에는 우물은 자연적인 상태가 아닌, 굴착 과정으로 지층이 교란되어, 외벽이 다져져 있고, 미세토양이 하부와 중간의 공극에 쌓여 있어 탁도 발생 및 지하수의 흐름을 방해하게 된다. 우물 내를 안정화하기 위해, 물을 넣고 양수하는 과정을 반복할 수 있지만, 에어 컴프레서(공기 압축기)를 이용해서, 공 바닥까지 파이프를 집어넣어서 에어로 공내청소를 한다. 에어 써징 시간이 정확히 정해져 있지 않으나, 지하수량이 많은 곳이 지하수량이 적은 곳보다 작업시간이 짧고, 지층 상태나 작업 방법에 따라서 차이가 크게 난다.

그림 8.7 에어 써징(탄자니아)

8.7 양수시험

양수시험은 일반적으로 지하수 관정에 수중 모터를 넣고, 얼마나 물량이 나오는지 확인하는 방법이다. 양수시험은 기간과 방법에 따라 단계양수시험(step-drawdown test), 장기 양수시험(long-term test), 회복시험(recovery test) 등 다양한 방법으로 할 수 있다. 단계양수시험에서는 이용 가능한 지하수의 양을 측정하기 위해서, 일정 시간 동안 양수량에 변화를 주면서, 지하수위 하강 속도 패턴을 보면서 적정 양수량을 파악한다. 장기 양수시험은 최소는 24시간 이상을 실시하고 수위 변동 여부를 파악하여, 안정적인 물량 확보가 가능한지를 파악한다. 장시간 시험에서도 지하수위가 계속해서 하강한다면 양수량을 줄이거나, 지하수위 변동이 거의 없는 경우에는 양수량을 증가시켜 적정 양수량을 찾을 수 있다. 일반적으로 일정한 지하수량에서 수위 변동이 없는 안정 수위를 파악함으로써, 관정에 맞는 수중모터 설치 위치, 양수량 등을 판단할 수 있다.

그림 8.8 양수시험(탄자니아)

8.8 수질검사

각 나라마다 지하수 관리와 관련해 서로 다른 다양한 수질검사 기준을 가지고 있다. 예를 들어, 한국과 미국, 아프리카 국가들의 수질기준은 각국의 지질학적 특성과 환경 조건에 따라 다르게 설정되어 있다.

아프리카 지역에서 수질검사 항목이 적다고 하더라도 대부분의 지질학적 기원으로 세균과 같은 생물학적 요인을 제외하면 유해 항목이 나올 확률이 적을 수 있고, 농약 등을 사용하지 않는 곳에서 농약 항목을 매번 검사할 필요가 없어서, 현황에 맞게 적용되는 것이다.

탄자니아 수자원국 물 분석실 및 다르살렘 대학의 지질학과에서 분석한 수질검사서는 그림 8.9와 8.10과 같다.

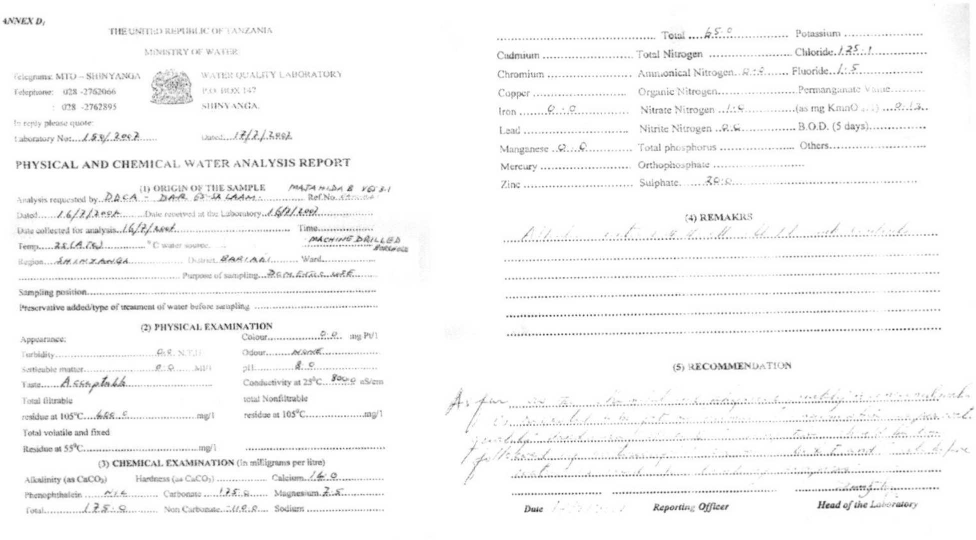

ANNEX D₁

THE UNITED REPUBLIC OF TANZANIA

MINISTRY OF WATER

Telegrams: MTO – SHINYANGA
Telephone: 028 -2762066
: 028 -2762895

WATER QUALITY LABORATORY
P.O. BOX 147
SHINYANGA.

In reply please quote:
Laboratory No: 150/2002 Dated: 17/2/2002

PHYSICAL AND CHEMICAL WATER ANALYSIS REPORT

(1) ORIGIN OF THE SAMPLE

Analysis requested by DDCA – DAR ES SALAAM Ref.No.
Dated 16/2/2002 Date received at the Laboratory 16/2/2002
Date collected for analysis 16/2/2002 Time
Temp. 25 (A.T.) °C water source MACHINE DRILLED BOREHOLE
Region SHINYANGA District BARIADI Ward
Purpose of sampling DOMESTIC USE
Sampling position
Preservative added/type of treatment of water before sampling

(2) PHYSICAL EXAMINATION

Appearance:
Turbidity 0.5 N.T.U. Colour 0.0 mg Pt/l
Settleable matter 0.0 Ml/l Odour NONE
Taste Acceptable pH 8.0
Total filtrable residue at 105°C 600.0 mg/l Conductivity at 25°C 800.0 uS/cm
Total volatile and fixed Residue at 55°C mg/l total Nonfiltrable residue at 105°C mg/l

(3) CHEMICAL EXAMINATION (in milligrams per litre)

Alkalinity (as $CaCO_3$)	Hardness (as $CaCO_3$)	Calcium 16.0
Phenophthalein NIL	Carbonate 175.0	Magnesium 7.5
Total 175.0	Non Carbonate 110.0	Sodium
	Total 65.0	Potassium
Cadmium	Total Nitrogen	Chloride 125.1
Chromium	Ammonical Nitrogen 0.0	Fluoride 1.5
Copper	Organic Nitrogen	Permanganate Value
Iron 0.0	Nitrate Nitrogen 1.0	(as mg $KmnO_4$/l) 0.13
Lead	Nitrite Nitrogen 0.0	B.O.D. (5 days)
Manganese 0.0	Total phosphorus	Others
Mercury	Orthophosphate	
Zinc	Sulphate 20.0	

(4) REMAKRS

(5) RECOMMENDATION

Date Reporting Officer Head of the Laboratory

그림 8.9 수자원국 수질검사서(탄자니아)

UNIVERSITY OF DAR ES SALAAM
DEPARTMENT OF GEOLOGY

Telegrams: UNIVESITY
Telephone: 2410013
Telex: 41327 UNISCIE
C/o Fax: 255-51-2410481

P. O. Box 35052
Dar es Salaam
Tanzania

E-Mail: geology@udsm.ac.tz
Ref No:

WATER ANALYSIS REPORT

Analysis requested by: **KOICA/MINISTRY OF WATER**.....................
Ref:..............................Date received: **09/09/2007**, Water source...**B/H**...........
Place: **WALI - IZAVA** Purpose: ...**DOMESTIC USE**......

Physical & Chemical Parameters	Concentration	Unit	Tanzanian Temporary Standards	Remarks
Turbidity	0.07	NTU (FTU)	30	
Ph	7.45		6.5 – 9.2	
Colour	NIL		50	
Electrical Conductivity	1055	µS/cm	2000	
Total dissolved solids	519	Mg/L	500-1500	
Odour	NIL		n.m	
Taste	NO		Not offensive	
Phenolpthalein alkalinity	NIL		n.m	
Total alkalinity	288	mg/L CaCO$_3$	n.m	
Carbonate hardness	310	mg/L CaCO$_3$	n.m	
Non-carbonate hardness	NIL	mg/L CaCO$_3$	n.m	
Total hardness	310	mg/L CaCO$_3$	600	
Calcium	55.2	mg/L Ca	250	
Magnesium	42	mg/L Mg	200	
Manganese	0.2	mg/L Mn	0.5	
Iron	0.03	mg/L Fe	1.0	
Chloride	120	mg/L CI	800	
Sulphate	86	mg/L SO$_4^{2-}$	600	
Nitrate	1.3	mg/L NO$_3^-$ N	30	
Nitrite	0.005	mg/L NO$_2^-$ N	0.05	
Orthophosphate	0.19	mg/L PO$_4^{3-}$	n.m	
MICROBIOLOGICAL ASPECTS				
BACTERIOLOGICAL PARAMETERS	Count/100mL	Count/100mL		
Total Coliform	NIL		NIL	
Faecal Coliform	NIL		NIL	
Chlorine Residual	NIL	Mg/1	0.15 – 0.20	

n.m=not mentioned, N.A= not applicable N.D. = Not determined

RECOMMENDATION: *THE WATER IS PHYSICALL AND, BIO-CHEMICALLY SUITABLE FOR DOMESTIC USE. HOWEVER, REGULAR MONITORING IS RECOMMENDED*

Signature:.............................. Date:.......*09/09/2007*............................
Initials.........*JM*...
Position: *CHIEF LAB. SCIENTIST*..................

그림 8.10 다르살렘 대학 수질 성적서(탄자니아)

8.9 개발 자료 기록

지하수 개발 과정에서 심도별 지질 특성 등을 얻을 수 있다. 지하 지층 자료를 얻기 위해서 지하 몇 m에서 지층이 바뀌는지 등을 파악한다. 아프리카에서는 지하수 개발 기술이 유럽에서 도입되어 국내보다 자료 정리를 더 충실히 하고 있다.

국내의 경우에는 성공률을 높이는 과정에 집중하여, 자료 정리가 부실한 경우가 많이 있다. 해외 기술자들이 지하수 개발을 마치고 정리한 자료를 위해서 메모 등 향후 현장 자료는 향후 인근지역이나 지하수 이용 과정에서 발생하는 문제를 대처할 때 유용할 것이다.

대부분 국가에서 지하 지층이 바뀌거나 미터 단위별로 슬라임 시료를 채취해서 그림 8.11의 (a)와 같이 보관하고, 현장 자료를 충실히 기록한다.

그림 8.11 자료 정리(탄자니아)

8.10 이용 시설

지하수를 개발하는 최종 목적은 용수가 부족한 곳에 용수를 이용하는 것이다. 성공한 관정에 물을 올릴 수 있는 펌프와 보관하는 물탱크와 같은 시설이 필요하다. 수중모터 펌프가 아니더라도 핸드 펌프를 설치할 수 있고, 최근에는 태양광을 활용한 수중모터 펌프가 많이 활용되고 있다. 자세한 내용은 개발도상국의 식수 개발(2016, 한국학술정보)의 제3장 펌프 시스템(Water Lifting), 제4장 용수 분배(Water Distribution)를 참조하기 바란다.

그림 8.12 다양한 펌프와 이용 시설

8.11 고심도 지하수 개발 관련 동영상

고성능 착정 장비를 에어해머 방식의 지하수 굴착방식으로 동영상을 참고할 수 있다.

https://youtu.be/yLGzDDKcTx4?si=vQMdB6Wq72KrS14F

그림 8.13 에어해머 방식의 고성능 지하수 굴착 동영상(Youtube)

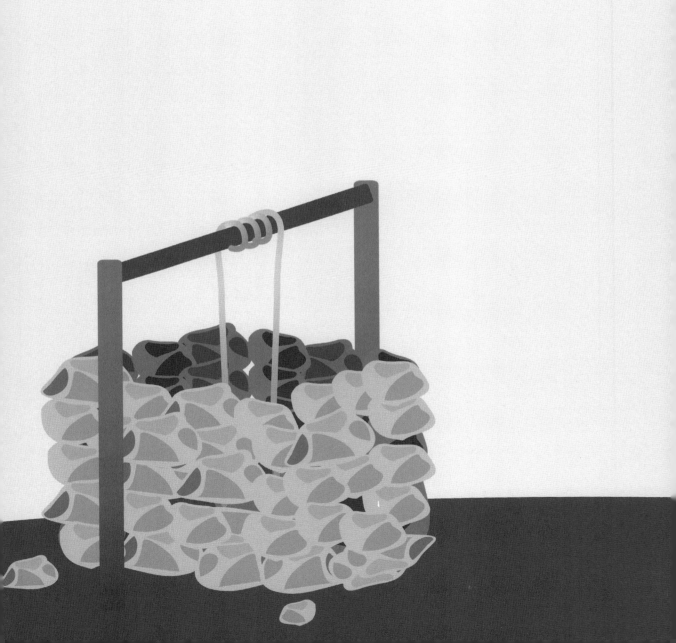

제9장

지하수 개발 사례

- 케냐, 콩고민주공화국, 에티오피아, 탄자니아, 캄보디아, 미얀마, 페루, 엘살바도르 -

그림 9.1 나이로비 지하수 개발 전경(케냐)

본 장에서는 다양한 나라에서 이루어졌던 지하수 개발 사례를 중심으로 설명하고자 한다.
다양한 지역에서 지층과 지하수의 분포 형태에 따라 적정한 형태의 장비를 활용하여 다
양한 방식으로 개발하고 있다. 국가별로 되어 있지만, 국토가 넓은 국가라서 대표성을 가지
는 것은 아니므로, 지역마다 각기 다른 형태를 활용한다고 판단하면 될 것이다.

9.1 케냐

9.1.1 케냐 나이로비 지역

　나이로비는 해발 고도가 높아 에어해머 방식이 적합하며, 지하 300m 이상의 깊이까지 굴착하는 고심도 개발이 이루어진다. 고심도 개발에는 외부 케이싱이 필수적이며, 상부 지층의 붕괴를 방지하기 위해 그림 9.3과 같이 충분한 양의 케이싱을 준비하여 설치한다.

그림 9.2 지하수 시추 장비, 물차, 크레인, 기름탱크(케냐)

그림 9.3 착정 및 외부 케이싱(케냐)

9.1.2 케냐 가리사 지역

케냐 북쪽에 있는 가리사 지역은 소말리아와 인접한 사막 지형으로 개발 지역은 과거 하천이 흐르던 자리에 형성된 충적층인 구하상(그림 1.8) 지역에 지하수를 개발하였다.

그림 9.4 물리탐사(케냐)

그림 9.5 착정 장비(케냐)

그림 9.6 트리콘 비트(케냐)

그림 9.7 충적층 굴착(케냐)

그림 9.8 에어 써징(케냐)

그림 9.9 양수시험과 수중 모터 펌프(케냐)

9.2 콩고민주공화국(DR. 콩고)

콩고민주공화국 킨샤사 인근의 지하수 개발 모습이다. 먼저 전기탐사를 하고, 가능성이 높은 자리를 중심으로 작업했다. 물리탐사는 지하수 탐사에서 중요한 역할을 하며, 전기비 저항탐사를 통해 지층의 분포 현황을 파악한다. 지하수 개발은 머드 피트를 만들고, 폴리머와 같은 첨가제를 작업 용수에 첨가하여 채우고, 제팅 방식으로 지하수를 개발하였다.

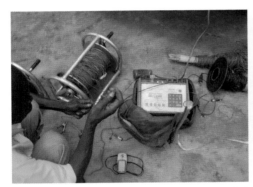

그림 9.10 지하수 탐사(DR. 콩고)

그림 9.11 착정 장비(DR. 콩고)

그림 9.12 슬러지 피트(DR. 콩고)

그림 9.13 트리콘 비트(DR. 콩고)

그림 9.14 착정 로드(DR. 콩고)

그림 9.15 착정 첨가제(폴리머, DR. 콩고)

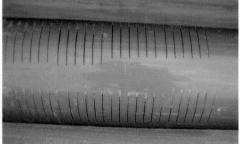

그림 9.16 우물 자재(DR. 콩고)

그림 9.17 지하수 굴착 전경(DR. 콩고)

그림 9.18 에어 써징(DR. 콩고)

9.3 에티오피아

에티오피아 북쪽의 티그라이 지역에서 개발하는 모습이다. 티그라이는 국내와 비슷한 산악지형으로 한국산 장비와 기술자를 투입하여 국내와 비슷한 형태로 개발하였다. 국토가 넓은 에티오피아는 사막, 화산지역 등 다양한 지형과 다양한 개발 방식을 가지고 있다.

그림 9.19 물리탐사(에티오피아)

그림 9.20 장비 세팅 및 굴착작업(에티오피아)

그림 9.21 우물 자재 설치(에티오피아)

그림 9.22 양수시험(에티오피아)

그림 9.23 에어 써징(에티오피아)

9.4 탄자니아(잔지바르)

탄자니아 서쪽에 있는 잔지바르 자치령으로 커다란 섬 지역이라는 현장에 적합한 지하수를 개발하기 위해서 장비와 비트를 활용하여 지하수를 개발하고 있다.

섬 지역에서는 깊이 굴착할 경우 바다의 해수가 유입될 위험이 있어, 지하수 개발 시 적정 깊이를 유지하는 것이 중요하며, 고성능 장비보다는 소형 장비를 사용해서라도 굴착이 가능하다. 고성능 장비일수록 부품 수가 많으므로 고장이 발생하면 수리에 따른 작업 지연 가능성이 높다.

잔지바르는 2개의 큰 섬을 가지고 있고, 1987년에 UN에서 지하수 관련 조사를 하였고 (그림 9.29), 국제기관이나 관련기관은 지하수 자원 조사를 지속하고 있으며, 프로젝트 지역 개발 시 참고할 수 있는 유용한 데이터를 제공받을 수 있다.

그림 9.24 착정 장비 및 착정 비트(잔지바르)

그림 9.25 지하 지층 시료 상자(잔지바르)

그림 9.26 우물 자재 설치(잔지바르)

그림 9.27 양수시험(잔지바르)

그림 9.28 지하수 착정 작업장 전경(잔지바르)

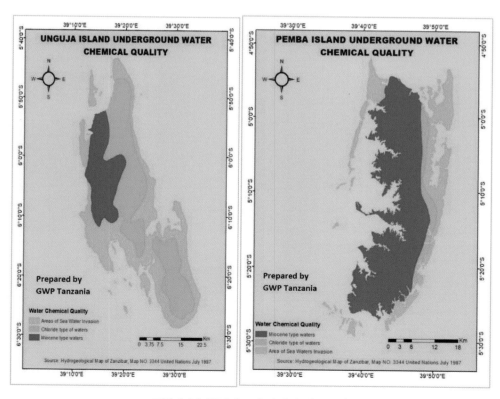

그림 9.29 잔지바르 수리지질도(ZAWA)

9.5 캄보디아

캄보디아 시골 지역에서는 이동이 용이한 소형 착정기를 이용하여, 지하수를 효율적으로 개발하고 있으며, 이러한 장비는 좁은 공간에서도 작업이 가능하다는 장점이 있다. 우기와 건기가 나뉘는 지역 특성에 맞도록 사용 지역 마을에 적성 형태로 개발한다. 대부분 비트를 회전하면서, 굴착 과정으로 하루에 작업을 마칠 수 있도록 한다. 이용하는 가구의 형태에 따라서, 핸드 펌프로 이용 시설을 만들고, 주변에 있는 10여 가구 이내가 같이 활용하는 관정으로 주로 이용하는 용도이다.

그림 9.30 캄보디아 시골 지역 소규모 착정 장비(캄보디아)

그림 9.31 고심도 지하수 개발 장비(캄보디아)

그림 9.32 굴착 비트와 굴착 로드(캄보디아)

그림 9.33 부대 장비(에어 컴프레서, 양수기, 캄보디아)

그림 9.34 우물 자재(캄보디아)

그림 9.35 우물 자재 설치(캄보디아)

그림 9.36 공내청소(캄보디아)

그림 9.37 에어 써징(캄보디아)

9.6 미얀마

　미얀마 북부지역의 사가잉 지역에서는 자분정(artesian well)을 통해 지하에서 자연적으로 물이 나오는 지하수를 이용하여 관정이나 저수지 형태(그림 9.38)로 이용하고 있다. 미얀마에서 이용하는 장비 및 굴착 비트를 소개하였다.

그림 9.38 자분정 및 자분정 저수지(미얀마 사가잉)

그림 9.39 착정 장비(미얀마)

그림 9.40 착정 비트(미얀마)

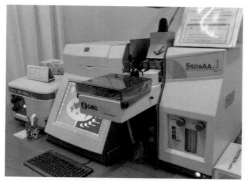

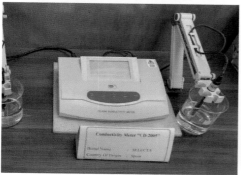

그림 9.41 분석 장비(미얀마)

그림 9.42 착정 장비 및 로드(미얀마)

9.7 페루

　페루 북부 올무스 사막 지역은 건조한 기후와 충적층이 특징인 지역으로, 한국 지하수 업체가 개발을 시행하고 있어서 한국의 방식과 비슷하지만, 충적층이 200m 이상 되는 지역이라서 암반층 굴착이 불가능하다.

　또한 100m 상부 대수층은 암염 등으로 인해서, 염도가 높은 지하수가 나오고 있으므로, 상부 100m의 대수층은 그라우팅을 적용하여 염도 높은 지하수의 유입을 막고, 하부 100m에서 양질의 지하수를 개발한다. 페루 올무스 지역은 충적층을 무너지지 않게 굴착하는 것도 중요하지만, 상부 대수층에 대한 그라우팅을 작업하여, 염도가 높은 지하수를 차단하는 고난도 기술이 중요하다.

그림 9.43 착정 장비 및 로드(페루)

그림 9.44 에어해머 비트 및 트리콘 비트(페루)

그림 9.45 벤토나이트와 수중 모터(페루)

그림 9.46 지하수 개발 현장 전경(페루)

9.8 엘살바도르

엘살바도르의 산타아나주 지역에서 수행되었던 지하수 개발 현장 사진들이다. 충적층 지하수를 개발하기 위해서 슬러지 피트(굴착 중 발생하는 슬러지를 모으는 저장 공간)를 만들어서 활용한다. 트리콘 비트는 충적층 지하수 개발에 효과적이며, 이 비트를 통해 안정적이고 빠른 속도로 수천 톤의 양수량을 확보할 수 있다.

그림 9.47 시추 장비(엘살바도르)

그림 9.48 지하수 개발 현장 전경(엘살바도르)

그림 9.49 슬라임 피트(엘살바도르)

그림 9.50 시추용 트리콘 비트(엘살바도르)

그림 9.51 벤토나이트 및 여과사(엘살바도르)

그림 9.52 우물 자재 설치(엘살바도르)

그림 9.53 양수시험(엘살바도르)

그림 9.54는 지하수 관정 개발을 마치고 지하수 관정에서 현황을 파악하는 관정 내부 측정기를 집어넣어서 심도별로 물리검층을 실시하는 과정이다. 이런 물리검층을 통해서 지층별 수질 현황 및 대수층 변화 및 존재 여부를 판단할 수 있다. 공내 물리검층을 통해서 지하수 관정에 대해서 정확한 정보를 확보함으로써 우물 자재 설치 및 수중모터 설치심도 등 지하수 이용 시설 설치에 기초자료가 된다.

그림 9.54 지하수 관정 물리검층(엘살바도르)

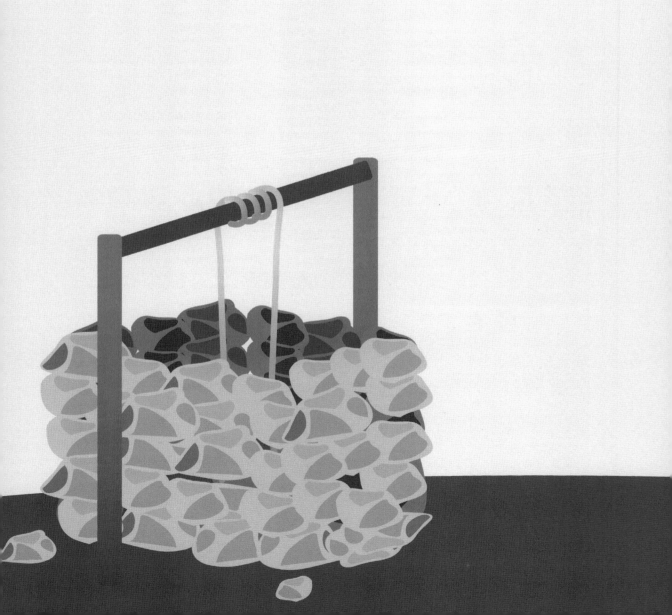

제10장

수질기준

그림 10.1 에티오피아 메켈레 대학 수질분석 연구실

　　지하수의 수질기준은 국가마다 많은 차이가 있다. 우리나라의 경우에는 화강암이 주요 암석을 이루고 있어, 상대적으로 지하수 수질이 좋은 국가이다.

　　우리나라와 같이 지하수를 먹는 물, 생활용, 공업용, 농업용 등으로 나누어서 관리하는 국가도 있지만, 먹는 물 중심으로 관리를 하거나, 음용 권장 기준으로 관리하는 등 각 국가는 자기 나라에 효율적이고 적합한 다양한 수질기준이 존재한다.

호주의 경우에는 수질기준에서 농약에 대한 성분이 타 국가에 비해서 많은 항목을 가지고 있지만, 국내의 경우에는 호주처럼 농업 분야가 활발하지도 않고, 사용하지도 않는 농약의 성분까지 분석할 필요는 없을 것이다. 분석 항목이 많아질수록 필요 없는 분석 비용이 증가하는 것도 너무나 많은 수질기준을 가지지 못하는 이유이다.

표 10.1은 세계 주요국 수질기준의 2002년도 기준이다. 수질기준은 기간별로 항목별로 차이가 발생할 수 있으므로 참고만 하기를 권장한다. 국내에는 2002년에 수돗물 먹는 물 기준이 47에서 55개 항목으로, 신설 9개 항목, 삭제 1개 항목으로 변경되었고, 2004년에는 총 59개 항목으로 적용되고 있다.

국내에는 지하수 먹는 물과 수돗물의 기준 항목이 다르고, 용도별 지하수 기준으로 나누어져 있으므로 국가별로 차이가 있으므로 국내 기준값은 참고만 하기 바란다. 또한 같은 항목이라고 하더라도 각각의 분석 방법의 차이에 따라서 수치가 달라질 수 있으므로, 국가별 절댓값 비교보다는 참고치로만 사용하면 좋을 것이다.

개발도상국이나 해외에서 수질 분석값을 활용할 때는 프로젝트 국가의 수질기준을 중심으로 판단하고, 추가적인 수질이 필요할 때는 WHO(세계보건기구) 기준을 참고하는 것을 권장한다.

10.1 지하수 수질 관련 국제기준

표 10.1은 먹는 물에 대한 주요국의 수질기준을 비교한 자료로, 한국은 유기물질과 중금속에 대한 기준이 강화된 반면, 미국과 EU 등은 미생물과 화학적 오염물질에 대한 엄격한 기준을 적용하고 있다.

표 10.1 각국의 먹는 물 수질기준 항목 수

(기준 : 2002년 이전)

물질명		한국	WHO	미국		영국	호주	캐나다	독일	프랑스
				1차	2차					
계		47	111(121)※	83	15	58	204	90	50	58
미생물		2	2	5		6	2	1	4	8
무기물질		11	16	17	2	17	18	11	17	16
유기물질	계	17	79	58	–	7	160	56	6	7
	휘발성물질	10	18	20		3	18	12	4	1
	농약	5	33	30		1	119	39		2
	소독부산물	2	19	1		1	15	3		1
	기타		9	6		2	8	2	2	3
심미적 물질		17	12	1	13	28	17	16	23	25
방사능물질			2	3			7	6		2

※ WHO는 121개 항목 중 10종이 중복이고, 미국은 1차와 2차에서 1종이 중복임
출처: 먹는 물 수질기준 및 규격 동향, 백영봉 (2003)

표 10.2 먹는 물 중 미생물 수질기준

물질명	단위	한국	WHO	미국	영국
Heterotropic plate count 일반세균					
(중온세균)	CFU/mℓ	100		TT	Normal
(저온세균)	CFU/mℓ				Normal
Total Coliforms 총대장균군	No./100mℓ	ND	0	0(95%)	0
Thermotollerant Coliforms 분원성대장균	No./100mℓ	ND	0		0
Faecal streptococci 장구균	No./100mℓ				0
Sulphite–reducing clostridia 아황산염 제거 클로스트리디아	No./20mℓ				1
Legionella 레지오넬라				TT	
Viruses 바이러스	No./10ℓ			TT	
Giardia lamblia 람블편모충				TT	
Norovirus 노로바이러스		ND*			

TT : Treatment Technique 처리기술
* : 먹는 물 수질감시기준

표 10.3 먹는 물 중 유해한 무기물질 수질기준 1mg = 1000 µg

물질명	단위	한국	WHO	미국	영국
Arsenic 비소	µg/ℓ	10	10	50	50
Cadmium 카드뮴	µg/ℓ	5	3	5	5
Chromium 크롬	µg/ℓ	50	50	100	50
Lead 납	µg/ℓ	10	10	15	50
Mercury 수은	µg/ℓ	1	6	2	1
Selenium 세레늄	µg/ℓ	10	40	50	10
Antimony 안티몬	µg/ℓ	20[*]	20	6	10
Barium 바륨	µg/ℓ		700	2000	1000
Beryllium 베릴륨	µg/ℓ			4	
Boron 붕소(보론)	mg/ℓ	1.0	2.4		2
Molybdenum 몰리브덴	µg/ℓ	70[*]	70	40	
Nickel 니켈	µg/ℓ		70	140	50
Silver 은	µg/ℓ			100	10
Thallium 탈륨	µg/ℓ			2	
Ammonia (NH4+) 암모니아	mg/ℓ	0.5	1.5		0.5
Nitrite(as NO₂) 아질산염	mg/ℓ		3(P)	1	0.1
Total NO₃/ NO₂ 총 질소	mg/ℓ			10	
Nitrate (as NO₃) 질산염	mg/ℓ	10	(50)	10	(50)
Kjeldahl nitrogen 킬달 질소	mg/ℓ				1
Cyanide 시안	mg/ℓ	0.01	0.07	0.2	0.05
Fluoride 불소	mg/ℓ	1.5	1.5	2	1.5
Asbestos 석면	MF/ℓ			7	
Perchlorate 과염소산염	µg/ℓ	15[*]			

P : Provisional guideline value(잠정적 기준), MF : Million Fiber
[*] : 먹는 물 수질감시기준

표 10.4 먹는 물 중 휘발성 화학물질 수질기준

물질명	단위	한국	WHO	미국	영국
Organic chloro compound[1] 유기염소화합물					
(Chlorinated Alkanes) 염화 알케인					
Carbon tetrachloride 사염화탄소	µg/ℓ	2	4	5	
Dichloromethane 디클로로메탄	µg/ℓ	20	20	5	
1.2-Dichloroethane 디클로로에탄	µg/ℓ		30	5	
1.1.1-Trichloroethane 트리클로로에탄	µg/ℓ	100	2000(P)	200	
1.1.2-Trichloroethane 트리클로로에탄	µg/ℓ			5	
(Chlorinated Ethenes) 염소화 에텐					
Vinyl chloride 염화비닐	µg/ℓ	2*	0.3	2	
1.1-Dichloroethene 디클로로에틸렌	µg/ℓ	30	30	7	
1.2-Dichloroethene(cis) 디콜로로에틸렌(시스)	µg/ℓ		50	70	
1.2-Dichloroethene(trans) 디콜로로에틸(트랜스)	µg/ℓ			100	
Trichloroethene 트리클로로에틸렌	µg/ℓ	30	20	5	30
Tetrachloroethene 테트라크로로에틸렌	µg/ℓ	10	40	5	10
Tetrachloromethene 테트라크로로메탄	µg/ℓ				3
(Aromatic Hydrocarbons) 방향족탄화수소					
Benzene 벤젠	µg/ℓ	10	10	5	
Toluene 톨루엔	µg/ℓ	700	700 (24~170)	1000	
Xylenes 크실렌	µg/ℓ	500	500 (20~1800)	10000	
Ethylbenzene 에틸벤젠	µg/ℓ	300	300 (2~200)	700	
Styrene(Chlorinated benzenes) 스티렌(염화벤젠)	µg/ℓ	20*	20 (4~2600)	100	
Monochlorobenzene 모노클로로벤젠	µg/ℓ		300 (10~120)	10	
1.2-Dichlorobenzene 디클로로벤젠	µg/ℓ		1000 (1~10)	600	
1.4-Dichlorobenzene 디클로로벤젠	µg/ℓ		300 (0.3~30)	75	
Trichlorobenzenes(Total) 트리클로로벤젠(총)	µg/ℓ		20 (5~50)	70 (1.2.4)	

1) 1.1.1-Trichloroethane, Trichloroethene, Tetrachloroethene, Dichloromethane의 합계
P : Provisional guideline value(잠정적 기준),
( ) : Aesthetic guideline value(심미적 기준), * : 먹는 물 수질 감시 기준

표 10.5 먹는 물 중 소독부산물 수질기준

물질명	단위	한국	WHO	미국	영국
Trihalomethane 트리할로메탄	μg/ℓ	100		100	100
Chloroform 클로로포름	μg/ℓ	80	300		
Bromodichloromethane 브로모디클로로메탄	μg/ℓ	30	60		
Dibromochloromethane 디브로모클로로메탄	μg/ℓ	100	100		
Bromoform 브로모폼	μg/ℓ	100*	100		
Chloral hydrate(Trichloroacetaldehyde) 클로랄하이드레이드(트리클로로아세트알데히드)	μg/ℓ	30	10(P)		
Haloacetic acids(HAAs) 할로아세틱에시드	μg/ℓ	100			
Dibromoacetonitrile 디브로모아세토니트릴	μg/ℓ	100	70		
Dichloroacetonitrile 디클로로아세토니트릴	μg/ℓ	90	20(P)		
Trichloroacetonitrile 트리클로로아세토니트릴	μg/ℓ	4	1(P)		
Dichloroacetic acid 디클로로아세트산	μg/ℓ		50(P)		
Trichloroacetic acid 삼염화초산	μg/ℓ		100(P)		
Formaldehyde 포름알데히드	μg/ℓ	500*	900		
Cyanogen chloide(as CN) 염화시아노겐	μg/ℓ		70		
Chlorophenol 클로로페놀	μg/ℓ	200*			
2－Chlorophenol 클로로페놀	μg/ℓ		(0.1〜10)		
2.4－Dichlorophenol 디클로로페놀	μg/ℓ	150*	(0.3〜40)		
2.4.6－Trichlorophenol 트리클로로페놀	μg/ℓ	15*	200 (2〜300)		
Monochloramine 모노클로라민	mg/ℓ		3		
Chlorite 아염소산염	μg/ℓ	700*	700		
Bromate 브롬산염	μg/ℓ	10	10(A)		
Chlorine (유리잔류)염소	mg/ℓ	4	5 (0.6〜1.0)		

P : Provisional guideline value(잠정적 기준),
( ) : Aesthetic guideline value(심미적 기준), * : 먹는 물 수질 감시 기준

표 10.6 먹는 물 중 농약 수질기준

물질명	단위	한국	WHO	미국	영국
Pesticide(each) 농약	μg/ℓ				0.1
Pesticide(total) 농약 성분(총)	μg/ℓ				0.5
Alachlor 알라클로르	μg/ℓ		20	2	
Aldicarb 알디카브	μg/ℓ		10	7	
Aldicab sulfone 알디캅술폰	μg/ℓ			7	
Aldicab sulfoxide 알디캅설폭사이드	μg/ℓ			7	
Aldrin/dieldrin 앨드린/디엘드린	μg/ℓ		0.03		
Atrazine 아트라진	μg/ℓ		100	3	
Bentazone 벤타존	μg/ℓ		30		
Cabaryl 카바릴	μg/ℓ	70			
Carbofuran 카르보푸란	μg/ℓ		7	40	
Chlordane 클로르데인	μg/ℓ		0.2	2	
Chlorotoluron 클로로톨루론	μg/ℓ		30		
Chlorpyrifos 클로르피리포스	μg/ℓ		30		
Cyanazine 사이아나진	μg/ℓ		0.6		
2,4-D	μg/ℓ	30*	30	70	
Dalapon 달라폰	μg/ℓ			200	
2,4-DB	μg/ℓ		90		
DDT	μg/ℓ		1		
Diazinon 디이아지논	μg/ℓ	20			
1,2-Dibromo디브로모-3-Chloropropane클로로프로판	μg/ℓ	3	1	0.2	
Dichlorprop 디클로르프롭	μg/ℓ		100		
1,2-Dichloropropane 디클로로프로판	μg/ℓ		40	5	
1,3-Dichloropropene 디클로로프로판	μg/ℓ		20		
Dimethoate 디메토에이트	μg/ℓ		8		
Dinoseb 디노셉	μg/ℓ			7	
Diquat 다이콰트	μg/ℓ			20	
Endothall 엔도탈	μg/ℓ			100	
Endrin 엔드린	μg/ℓ		0.6	2	
Ethylene dibromide(EDB) 이브롬화에틸렌	μg/ℓ	0.4*		0.05	
Fenitrothion 페니트로티온	μg/ℓ	40			
Fenoprop 페노프롭	μg/ℓ		9		
Glyphosate 글리포세이트	μg/ℓ			700	
Heptachlor 헵타클로르 & Heptachlor Epoxide 헵타클로르 에폭시드	μg/ℓ		0.03	H:0.4 HE:0.2	
Hexachlorobenzene 헥사클로로벤젠	μg/ℓ		1	1	
Hexachlorocyclopentadiene 헥사클로로사이클로펜타디엔	μg/ℓ			50	

물질명	단위	한국	WHO	미국	영국
Isoproturon 이소프로투론	μg/ℓ		9		
Lindane 린단	μg/ℓ		2	0.2	
MCPA (제초제 농약)	μg/ℓ		2		
Mecoprop 메코프로프	μg/ℓ		10		
Methoxychlor 메톡시클로르	μg/ℓ		20	40	
Metolachlor 메톨라클로르	μg/ℓ		10		
Molinate 몰리네이트	μg/ℓ		6		
Oxamyl (vydate) 옥사밀(비데이트)	μg/ℓ			200	
Parathion 파라티온	μg/ℓ	60			
Pendimethalin 펜디메탈린	μg/ℓ		20		
Pentachlorophenol 펜타클로로페놀	μg/ℓ	9*	9(P)	1	
Permethrin 퍼메트린	μg/ℓ		20		
Picloram 피콜로람	μg/ℓ			500	
Propanil 프로파닐	μg/ℓ		20		
Pyridate 피리다테	μg/ℓ		100		
Simazine 시마진	μg/ℓ		2	4	
2.4.5-T (제초제 성분)	μg/ℓ		9		
2.3.7.8-TCDD(dioxin) 다이옥신	μg/ℓ			3/105	
Toxaphene 톡사펜	μg/ℓ			3	
2.4.5 - TP (Silvex) 실벡스	μg/ℓ			50	
Trifluralin 트리플루랄린	μg/ℓ		20		

* : 먹는 물 수질 감시 기준

표 10.7 먹는 물 중 기타 유기 화학 물질 수질기준

물질명	단위	한국	WHO	미국	영국
Di(2-ethylhexyl 에틸헥실) adipate 아디핀산염	μg/ℓ	400*	80	400	
Di(2-ethylhexyl 에틸헥실) phthalate 프탈레이트	μg/ℓ	80*	8	6	
Acrylamide 아크릴아미드	μg/ℓ		0.5	TT	
Epichlorohydrin 에피클로로히드린	μg/ℓ		0.4(P)	TT	
Hexachlorobutadiene 헥사클로로부타디엔	μg/ℓ		0.6		
Edetic Acid (EDTA) 에데틱산	μg/ℓ		600		
Nitrilotriacetic Acid 니트릴로트리아세트산	μg/ℓ		200		
Tributyltin Oxide 트리부틸주석 산화물	μg/ℓ		2		
Polycyclic aromatic Hydrocarbons 다환방향족탄화수소	μg/ℓ				0.2
Benzo[3.4]pyrene 벤조피렌	μg/ℓ	0.7*	0.7	0.2	0.01
PCB 폴리염화비페닐	μg/ℓ	0.5이하*		0.5	
1,4-Dioxane 다이옥산	μg/ℓ	50	50		

* 원수 수질기준(사람의 건강보호 기준(하천, 호소 공통))

표 10.8 먹는 물 중 심미적 영향 물질 수질기준

물질명	단위	한국	WHO	미국	영국
Color 색도	도	5	15 TCU	15	20
Turbidity 탁도	NTU	0.5	5		4 (FORMAZIN)
Odor 냄새 (12℃, 25℃)	희석도	무취		3	(−, 3)
Taste 맛 (12℃, 25℃)	희석도	무미			(−, 3)
pH 수소이온농도		5.8~8.5		6.5~8.5	5.5~9.5
Temperature 온도	℃				25
Corrosivity	−			비부식성	
Conductivity 전기전도도	μS/cm				1500
Alkalinity 알카리도	mg/ℓ				30 이상
Total dissolved solids 총용존고형물 (증발잔류물)	mg/ℓ	500	1000	500	1500
Total Hardness 총경도	mg/ℓ	300			60 이상
Calcium 칼슘	mg/ℓ				250
Magnesium 마그네슘	mg/ℓ				50
Aluminium 알루미늄	mg/ℓ	0.2	0.2	0.05~0.2	0.2
Copper 구리(동)	mg/ℓ	1	2(P)(1)	1	3
Iron 철	mg/ℓ	0.3	0.3	0.3	0.2
Manganese 망간	mg/ℓ	0.05	0.5(P) (0.1)	0.05	0.05
Zinc 아연	mg/ℓ	3	3	5	5
Sodium 나트륨	mg/ℓ		50		150
Potassium 칼륨	mg/ℓ				12
Chloride 염화이온	mg/ℓ	250	250	250	400
Sulfate 황산이온	mg/ℓ	200	250	250	250
Hydrogen sulfide 황화수소	mg/ℓ		0.05		
Phosphorus(P_2O_5) 인	mg/ℓ				2.2 (As P)
Permanganate value 과망간산칼륨량	mg/ℓ	10			5
Phenols 페놀	μg/ℓ	5			0.5
Foaming agent 발포제 (계면활성제)	mg/ℓ	0.5		0.5	0.2
Total organic carbon 총유기탄소	mg/ℓ				Normal
Dissolved hydrocabons(minernal oils) 용존탄화수소(미네랄 오일)	mg/ℓ				0.01
Substance extractable in chloroform 클로로포름	mg/ℓ				1

HU : Hazen Unit, P : Provisional guideline value(잠정적 기준),
( ) : Aesthetic guideline value(심미적 기준)
P : Provisional guideline value(잠정적 기준),
( ) : Aesthetic guideline value(심미적 기준)

표 10.9 먹는 물 중 방사성물질 수질기준

물질명	단위	한국	WHO	미국	영국
Gross alpha activity	bq/ℓ		0.1	15 (pCi/ℓ)	
Gross beta activity	mrem/년		1bq/ℓ	4	
R 226 + R 228	pci/ℓ			5	
Uranium 우라늄	μg/ℓ	30	30	20(P)	
Radon 라돈	bq/ℓ	148*			

P : Provisional guideline value(잠정적 기준),
( ) : Aesthetic guideline value(심미적 기준)

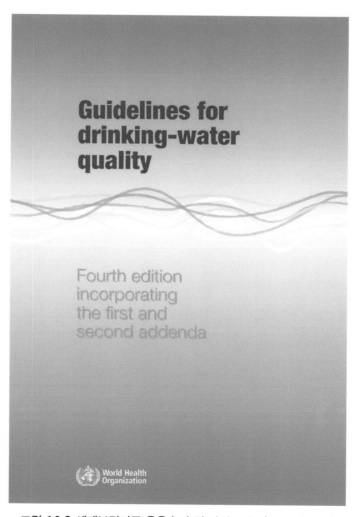

그림 10.2 세계보건기구 음용수 수질 가이드라인(WHO, 2011)

10.2 지하수 용도별 수질기준

국내는 지하수의 수질기준을 용도별로 달리하여 적용하고 있다. 2024년으로는 먹는 물 (46개)과 생활용수(20개), 농업용수(14개), 공업용수(14개)로 다르게 적용하고 있다. 해외 에서 수질을 검토할 때는 용도별 수질기준을 적용하기보다는 참고 기준으로 활용할 수 있 을 것이다.

표 10.10 지하수 용도별 수질기준

(단위 : mg/ℓ)

항목 \ 이용 목적별		생활용수	농업용수 · 어업용수	공업용수
일반 오염물질 (5개)	수소이온농도(pH)	5.8~8.5	6.0~8.5	5.0~9.0
	대장균군수	5,000 이하 (MPN/100㎖)	–	–
	질산성질소	20 이하	20 이하	40 이하
	염소이온	250 이하	250 이하	500 이하
	일반세균	1㎖중 100CFU 이하	–	–
특정 유해물질 (15개)	카드뮴	0.01 이하	0.01 이하	0.02 이하
	비소	0.05 이하	0.05 이하	0.1 이하
	시안	불검출	불검출	0.2 이하
	수은	불검출	불검출	불검출
	유기인	불검출	불검출	불검출
	페놀	0.005 이하	0.005 이하	0.01 이하
	납	0.1 이하	0.1 이하	0.2 이하
	6가크롬	0.05 이하	0.05 이하	0.1 이하
	트리클로로에틸렌	0.03 이하	0.03 이하	0.06 이하
	테트라클로로에틸렌	0.01 이하	0.01 이하	0.02 이하
	1.1.1-트리클로로에탄	0.15 이하	0.3 이하	0.5 이하
	벤젠	0.015 이하	–	–
	톨루엔	1 이하	–	–
	에틸벤젠	0.45 이하	–	–
	크실렌	0.75 이하	–	–

10.3 지하수 수질 인자 영향과 대책

국내 지하수 먹는 물 기준의 수질 항목에 대해서, 검출 원인과 인체에 미치는 영향과 대책에 관해서 기술하였다(표 10.11). 국내 기준으로 작성되어 있으므로, 해외 각국에서 검출원인이나 대책은 달라질 수 있을 것이다.

표 10.11 지하수 수질 영향 인자의 검출 원인 및 영향

항목 (먹는 물 기준치)		
검출 원인	인체에 미치는 영향	대책
1. 일반세균　　　　(기준치:100CFU/㎖)		
· 오수, 강우, 이물질 등 · 저장탱크 청소(소독) 미비 · 소독설비의 고장 · 채수 실수, 수도꼭지 오염 · 정수기 필터 내 세균 증식	· 무해하나 잡균이며 병원균은 아님 · 소독 적정 여부, 급수 과정 오염 여부 판단 지표 · 대장균군보다 감도 높은 오염지표 · 배탈, 설사	· 주위 오염원 차단 · 살균소독(염소, 자외선,오존,가열) · SODIS(태양광살균) · 바이오샌드필터
2. 총대장균군　　　　(기준치:ND/100㎖)		
· 사람, 가축, 야생동물 분뇨 · 축산폐수, 분뇨처리장 배출수 · 분뇨와 무관한 자연계 유래 세균	· 무해하나 물속 병원균과 동반하여 존재 · 사람과 가축의 내장에 서식 → 수인성 질병 발생 우려 · 오염의 지표(분뇨에 의한 오염판단)	· 주위 오염원 차단 · 살균소독(염소, 자외선,오존,가열) · SODIS(태양광살균) · 바이오샌드필터
3. 납　　　　(기준치:0.01mg/ℓ)		
· 자연수(석회암지대) 미량 함유 · 광산폐수, 공장폐수(인쇄, 유리 등) · 급수관(납관)에서 용출	· 납화합물에 따라 독성 정도 다름 · 발암 가능성 물질(신장암) · 뼈에 침착, 골수에 영향 · 빈혈, 두통, 근육통, 정신장애, 경련 · 태아 – 중추신경계 독성 심각	· 응집→침전→여과 · 수처리제(응집제, 활성탄) 사용 · 이온교환
4. 불소　　　　(기준치:1.5mg/ℓ)		
· 자연기원(화강암 지대–광물질 풍부) · 공장폐수(알루미늄, 유리, 도자기 등) · 다량 함유한 온천수 유입	· 저농도(2mg/ℓ)–충치 감소 · 고농도–반상치 유발 · 경미한 치아 불소 침착증 가능성 · (급성) 위통, 호흡곤란, 두통, 마비, 경련 등	· 주위 오염원 차단 · 활성탄 흡착(여과)처리 · Nalgonda기술 · 골탄법(Bonechar)
5. 비소　　　　(기준치:0.01mg/ℓ)		

항목 (먹는 물 기준치)		
검출 원인	인체에 미치는 영향	대책
· 자연수(지하수, 지표수)에 함유 · 광산폐수, 공장폐수(반도체, 염료, 제화), 농약(살충제) · 다량 함유한 온천수 유입 * 메콩강 주변 등 자연 기원	· 발암성물질(피부암) · 지표수-독성 낮은 5가비소(Arsenate) · 지하수-독성 높은 3가비소(Arsenite) · pH↑ 용존 비소 농도↑ · (급성) 메스꺼움, 설사, 심장박동 이상, 혈관손상 등	· 주위 오염원 차단 · 활성탄 흡착 (여과)처리 . Kanchan Aresnic Filter(철수산화물 흡착)
6. 셀레늄 (기준치:0.01mg/ℓ)		
· 지하수 중 유황 광상, 황화물과 공존 · 금속제련소, 금속광산, 셀레늄제 조업소 · 반도체 재료, 광전지 제조, 보호 피막, 고무공업, 적색안료 등	· 금속 셀레늄 독성이 적으나, 셀레늄 화합물은 독성이 높음 · 흡입, 눈 피부접촉 매우 유독 · 탈모, 비장손상, 기관지염, 폐렴, 빈혈 · (급성) 심장 순환계 장애, 폐부종	· 주위 오염원 차단 · 화학적 침전 · 활성탄 흡착 (여과)처리 · 생물학적 처리
7. 수은 (기준치:0.001mg/ℓ)		
· 광산폐수, 공장폐수, 농약 · 온도계, 습도계, 건전지 제조, 형광등 등 · 수은장비(온도계, 수은전지) 등의 파손	· 독성 유발-유기수은화합물(메틸수은)>무기수은화합물 · 신생아, 어린이 신경계 발달장애 (메틸수은 미량) · 만성중독-미나마타병 유발→신경장애, 신장 장애, 언어장애, 지각장애, 손가락 떨림	· 주위 오염원 차단 · 수처리제(응집제, 활성탄) 사용 · 석회 연화 · 이온교환
8. 시안 (기준치:0.01mg/ℓ)		
· 자연수 거의 불검출 (※용해성이 낮기 때문) · 공장폐수(도금, 야금, 사진공업)	· (급성) HCN이 유리되어 호흡마비, 경련, 전신질식 · (만성) B12 결핍 및 갑상선 요오드 갑상선종 발생률 증가	· 주위 오염원 차단 · 수처리제(응집제, 활성탄)사용 · 알칼리염소법, 오존산화법, 전해산화법 · 취수중지(폐쇄)
9. 크롬 (기준치:0.05mg/ℓ)		
· 자연수 거의 불검출 (※용해성이 낮기 때문) · 공장폐수 혼입 → 도금, 스테인리스 합금, 전지, 방부제, 촉매생산	· 발암성물질(폐암-호흡 관련) · 독성유발 – 6가크롬>3가크롬 · (급성) 호흡곤란,장염,구토,빈혈 · (만성) 호흡계,면역계,황달,간염	· 주위 오염원 차단 · 석회연화,이온교환 · 수처리(응집제) · 취수중지(폐쇄)
10. 암모니아성질소 (기준치: 0.5mg/ℓ)		
· 부식토, 질소비료 사용(농경지) · 분뇨, 하수, 공장폐수 · 축산폐수, 분뇨처리장 배출수 · 인근지점 오염지표(분뇨오염 우려)	· NH_3-N는 무해하나 NO_3-N 되면 유해 · 수인성 질병 발생 우려(대장균군과 동반)	· 주위 오염원 차단 · 살균소독(염소, 이온교환법)
11. 질산성질소 (기준치:10mg/ℓ)		

항목 (먹는 물 기준치)		
검출 원인	인체에 미치는 영향	대책
· 부식토, 질소비료 사용(농경지) · 분해 과정(유기물질→NH_3-N→NO_2-N→NO_3-N)→유기물질(질소산화물)의 최종 분해 산물 · 부패한 동식물, 생활하수, 공장폐수	· 유아기 청색증(Methemoglobinemia) 유발(10 mg/ℓ↑) · 메트헤모글로빈 혈증(blue baby) 유발	· 주위 오염원 차단 · 이온교환법 · 생물처리법

12. 카드뮴   (기준치:0.005mg/ℓ)

· 자연수 거의 불검출 (※아연정제 부산물) · 공장폐수(도금, 합금, 안료, 직물, 비료) · 산업폐기물, 쓰레기매립장 침출수 · 화산활동	· 발암 가능성 물질(폐암) · (급성.만성) 폐, 신장 · 이타이이타이병(골연화증) 유발→골다공증, 관절통 유발	· 주위 오염원 차단 · 석회연화 · 이온교환 · 응집.침전.여과 · 취수중지(폐쇄)

13. 보론   (기준치:1.0mg/ℓ)

· 자연수(지하수, 온천)에 미량 함유 · 살균제, 세척제, 비료, 조류제거제 · 공장폐수(금속표면처리), 농약 (살충제, 잡초제거제)	· (급성) 조울증, 경련, 신장 퇴화, 고환위축 · (만성) 위장관 장애, 식욕부진, 구토, 멀미	· 주위 오염원 차단 · 이온교환, 응집, 침전, 여과 · 활성탄 흡착 (여과) 처리

14. 페놀   (기준치:0.005mg/ℓ)

· 자연수 존재하지 않음 · 공장 폐수(합성수지, 가스, 의약품, 소독제, 방부제, 농약, 폭약, 염료) · 아스팔트에 함유된 페놀류	· 염소소독 시 불쾌한 맛, 냄새 유발 (0.002ppm↑) : 페놀+염소(Cl_2)→클로로페놀(Chlorophenol) · (급성) 쇼크, 일시적 정신착란, 혼수 · (만성) 간, 신장, 눈 손상	· 오존처리, 활성탄 흡착 (여과) 처리 · 취수중지(폐쇄)

15. 총트리할로 메탄   (기준치:0.1mg/ℓ)

· 원수 유기물과 염소 반응 생성 · 염소소독 시 생성된 4종 화합물 총칭 : 염소 + 유기물 → THMS($CHCl_3$ + $CHBrCl_2$ + $CHBr_2Cl$ + $CHBr_2$)	· 발암성 · 수온, pH, $KMnO_4$ 소비량이 높고 염소주입 후 시간이 길어진 경우 높게 검출됨(※수돗물 : 여름철>겨울철)	· 폭기 · 활성탄 흡착 (여과) 처리 · 고도처리(오존 등)

16. 클로로포름   (기준치:0.08mg/ℓ)

· 정수 과정에서 유기물질이 염소(살균제)와 반응 · 용제, 세척제(※유기물 용해제)	· 발암가능성물질(간암) · (급성)현기증, 두통, 메스꺼움, 중추 신경계 저하, 괴사, 심장부정맥 · (만성)간, 신장 손상 · 냄새 유발(달콤한 맛, 에트르향)	· 폭기 · 활성탄 흡착 (여과) 처리 · 고도처리(오존 등)

17. 다이아지논   (기준치:0.02mg/ℓ)

항목 (먹는 물 기준치)		
검출 원인	인체에 미치는 영향	대책
· 1952년 스위스 개발 · 농약(유기인계 살충제) · 화학제품 제조, 농경지, 토양 유출수 및 침출수	· 독성 강한 유기인산계 물질로 흡입, 피부흡수, 경구 흡입 치명적 · 시력 저하, 동공 축소, 근육 조정력 저하, 정신착란	· 활성탄 흡착 (여과) 처리 · 역삼투압법
18. 파라티온　　　(기준치:0.06mg/ℓ)		
· 1944년 독일 개발 · 농약(유기인계 살충제) · 화학제품 제조, 농경지, 토양 유출수 및 침출수	· 맹독성 유발 · 두통, 현기증, 메스꺼움, 피로, 구토, 설사, 발한 · (중독) 동공 축소, 기관지경련, 근육경련, 중추신경장애, 혼수	· 활성탄 흡착 (여과) 처리 · 역삼투압법
19. 페니트로티온　　　(기준치:0.04mg/ℓ)		
· 1960년 일본 개발 · 농약(유기인계 살충제) · 파라티온 대체 살충제, 진드기 구충제 · 화학제품제조, 농경지, 토양 유출수 및 침출수	· 저독성 유발 · (중독) 구토, 호흡곤란, 청색증, 경련 · 갑각류, 수서곤충류에서는 맹독성 유발	· 활성탄 흡착 (여과) 처리 · 역삼투압법
20. 카바릴　　0.07mg/ℓ		
· 1953년 미국 개발 · 농약(카바메이트계 살충제) · 농작물 방제용 살충제, 제초제, 진드기 구충제 · 농경지, 토양 유출수 및 침출수	· 저독성 유발(※유기인계보다 저독성) · 흡입, 피부, 눈 노출 가능 · 설사, 유연증, 뇨 불규칙, 설사, 구토	· 활성탄 흡착 (여과) 처리 *검출 농도 10배 이상 투입
21. 1.1.1-트리클로로에탄 (기준치:0.1mg/ℓ)		
· 공장폐수(TCA제조) · 금속세정용(기름제거제), 접촉제, 절삭유, 인쇄용 잉크	· 발암 가능성 물질(간암) · (급성) 눈, 피부, 점막, 호흡기, 두통, 현기증 · 중추신경계 저하, 심장 섬유성 연축	· 주위 오염원 차단 · 활성탄 및 폭기 · 오존처리 등 고도 처리 병행
22. 테트라클로로　　　(기준치:에틸렌 0.01mg/ℓ)		
· 공장폐수(PCE 제조, 섬유공업) · 공업용 세정제, 금속 탈지 세정 · 드라이클리닝 용제	· 발암 가능성 물질(간암) · 중추신경계 저하, 간, 허파, 심장, 신장 · (급성)부정맥, 폐부종, 불규칙 심장박동	· 주위 오염원 차단 · 활성탄 및 폭기 · 고도처리(오존 등)
23. 트리클로로 에틸렌　(기준치:0.01mg/ℓ)		
· 공장폐수(TCE, 전자제품, 영상, 음향, 자동차 금속산업, 자동차) · 마취제(흡입), 용매추출, 가구세척제, 화학중간제	· 발암 가능성 물질(간암) · 피부, 눈 자극성, 마취작용 · (20mg/ℓ)두통, 현기증, 졸음 · (300mg/ℓ)착시,구토,가슴통증,호흡곤란	· 주위 오염원 차단 · 활성탄 및 폭기 · 고도처리(오존 등)
24. 디클로로메탄　　　(기준치:0.02mg/ℓ)		

항목 (먹는 물 기준치)		
검출 원인	인체에 미치는 영향	대책
· 화학제품 원료(유류) · 페인트 박리제, 금속 탈지제, 유기용매, 의약품, 농약 · 달콤한 향 지닌 액체	· 발암 가능성 물질(간암) · 피부, 눈 자극성, 마취작용 · (20mg/ℓ) 두통, 현기증, 졸음 · 착시, 구토, 가슴 통증, 호흡곤란	· 주위 오염원 차단 · 활성탄 및 폭기 · 고도처리(오존 등) · 겔화제 살포 회수

25. 벤젠　　　(기준치:0.01mg/ℓ)

· 화학제품 원료(염료, 합성고무, 합성섬유, 합성세제, 방부제, 방충제, 농약, 폭약 유기합성 연료 등) · 드라이클리닝용제, 석유화합물	· 발암성물질(폐암) · 백혈병(백혈구감소→적혈구감소), 재생불량성 빈혈 유발 · 냄새 유발(향)	· 주위 오염원 차단 · 활성탄 및 폭기 · 고도처리(오존 등) · 겔화제 살포 회수

26. 톨루엔　　　(기준치:0.7mg/ℓ)

· 용매추출, 화학물질 제조, 가솔린 첨가제, 희석제, 화장품, 부동액 등 · 유기용제(페인트, 가솔린정제) · 도료, 잉크 및 톨루엔 함유 제품	· (급성) 현기증, 두통, 마취 상태 유발 · (만성) 신장, 빈혈, 백혈구감소, 위장장애 · 냄새 유발(향)	· 주위 오염원 차단 · 활성탄 및 폭기 · 고도처리(오존 등) · 겔화제 살포 회수

27. 에틸벤젠　　　(기준치:0.3mg/ℓ)

· 스티렌, 유기합성 용제, 희석제, 가솔린 · 산업폐수(자동차, 합성섬유, 안료, 염료 등)	· (급성) 기침, 졸음, 현기증, 두통, 피부 및 눈 염증 · 냄새 유발(아로마향)	· 활성탄 및 폭기 · 고도처리(오존 등) · 겔화제 살포 회수

28. 크실렌　　　(기준치:0.7mg/ℓ)

· 용매, 염료, 살충제, 합성수지, 합성섬유 연료 · 산업폐수(도료, 접착제, 자동차 배기가스, 석유정제 용제 등)	· (급성) 구토, 두통, 현기증, 흉부 압박감, 마취상태 · (만성) 신장, 간장장애, 빈혈, 백혈구감소 · 냄새 유발(달콤한 향)	· 활성탄 및 폭기 · 고도처리(오존 등) · 겔화제 살포 회수

29. 1.1−디클로로 에틸렌 (기준치:0.03mg/ℓ)

· 화학물질중간체,열가소성공중합체, 압출수지, 차폐코팅, 식품포장, 접착제 · 산업폐수(반도체, 염화비닐, 합성섬유)	· (급성) 현기증, 졸림, 호흡곤란, 폐렴 · (만성) 간, 신장 손상 · 냄새 유발(순하고 달콤한)	· 활성탄 및 폭기 · 고도처리(오존 등) · 겔화제 살포 회수

30. 사염화 탄소　　　(기준치:0.002mg/ℓ)

· 페트롤첨가제, 용매, 화학중합체, 기계부품전기장치 청소제, 금속 촉매제 · 섬유제품, 화학제품 제조 과정 배출됨 · 환경규제 1980년대 이후 감소 추세	· 발암 가능성 물질(간암) · 피부 발포, 홍반, 충혈 · 흡입, 피부, 경구 흡입 치명적 · (급성) 중추신경계 기능 저하, 메스꺼움, 구토, 착시, 복통, 경련, 토혈 · 냄새 유발(달콤, 아로마)	· 활성탄 및 폭기 · 고도처리(오존 등)

항목 (먹는 물 기준치)		
검출 원인	인체에 미치는 영향	대책
31. 경도(생체필수원소) (기준치:300mg/ℓ)		
· 지질적인 고경수도(마그네슘, 칼슘 다량 함유 – 350ppm↑) · 해수, 하수, 공장폐수 · 콘크리트 구조물에서 용출	· 유해성 낮음, 비누소비량 증대 · 요로결석, 설사 · 고농도–보일러관의 스케일 형성(관을 막아 폭발 우려)	· pH,알칼리 조정 · 수처리(응집) · 연수화(이온 교환수지)
32. 과망간산칼륨소비량 (기준치:10mg/ℓ)		
· 산화가능물질(유기물질,제일철염, 아질산염, 황화물 등)에 소비되는 과망간산칼륨 · 하수, 공장폐수, 분뇨의 유기성 오염물의 혼입	· 고농도 – 불쾌한 맛, 냄새 유발 · 수인성 질병(장티푸스, 콜레라, 이질) 발생 · 오염의 지표(하수, 공장폐수, 분뇨에 의한 오염 우려)	· 침전,응집,여과 · 오존,염소 등 · 살균소독 및 활성탄흡착(여과) 처리
33. 냄새 (기준치: 무취)		
· 순수한 물에 대한 오염물질의 유입 · 하수, 오수, 공장폐수의 혼입 · 미생물 과다 성장 · 원수 또는 저수지 내의 정체	· 불쾌감 유발 · 수인성 질병(장티푸스, 콜레라, 이질) 발생 우려 · 이차적인 수질오염 발생	· 염소처리 · 활성탄 처리 · 오존처리
34. 맛 (기준치: 무미)		
· 미생물(방선균, 녹조류)의 번식 · 하수, 오수, 공장폐수의 혼입 · 유기물은 냄새 동반 · 무기물은 냄새 무관	· 불쾌감 유발 · 수인성 질병(장티푸스, 콜레라, 이질) 발생 우려 · 이차적인 수질오염 발생	· 염소처리 · 수처리(오존, 활성탄) · 여과필터장치
35. 동(구리) (기준치: 1mg/ℓ) (생체 필수원소)		
· 광산폐수, 공장폐수, 농약(살충제) · 황산동, 염화동 과량 사용 · 급수관(동관) 용출(경도:연수에서 많이 용출)	· 금속(철, 아연)의 부식 촉진 · 인체 축적성 없음(1~5mg/ℓ일 필요)→만성중독 우려 없음 · (고농도)구토,위경련, 설사	· 물탱크 청소 · 활성탄 흡착 (여과) 처리 · 이온교환, 응집, 침전, 여과
36. 색도 (기준치: 5도)		
· 자연수 중 색소 유기물(휴믹산, 펄빅산) 다량 함유 · 공장폐수(염료, Cu, Cr 함유) · 배수관(철관)에서 용출 · 염소처리시 Fe/Mn의 산화(※적색)	· 불쾌감 유발 – 녹물(급수관 부식) · 색을 띠는 유기물 자체는 무해 · 염소 반응하여 THMs(트리할로메탄) 등 생성에 기여	· 활성탄 처리 · 응집,침전 · 오존처리 · 여과 필터 장치
37. 세제 (기준치: 0.5mg/ℓ)		
· 합성세제, 분산제, 농약, 식품, 화장품 · 공장폐수, 가정하수 유입 · 자연수 중 분해가 어려워 급수원 오염(ABS)	· 불쾌한 맛 · (급성) 주부습진, 피부손상 · (만성) 유기수은, 콜레스테롤 흡수율 높임	· 활성탄 흡착 (여과) 처리
38. 수소이온 농도 (기준치: 5 8~8.5)		

항목 (먹는 물 기준치)		
검출 원인	인체에 미치는 영향	대책
· 자연기원(지질 특성) · 하수, 공장폐수, 빗물의 혼입 · 조류 번식한 호소, 저수지 물 유입 · 이산화탄소↑↓ →pH↓↑	· 냄새 유발 · 눈, 피부, 점막 자극(pH4↓, pH11↑) · 낮으면-금속(파이프,수도관) 부식	· 알칼리성, 산성수처 리제 pH조절 · 체류시간 단축
39. 아연　　　(기준치: 3mg/ℓ)　　(생체 필수원소)		
· 부식방지 합금, 청동, 철강도강 · 건전지전해액, 염료보조제, 농약 · 공장폐수(금속, 화학, 조립금속 등) · 급수관(아연도금강관) · 하천 토양에서 용출	· 저농도-성장둔화, 성적발육 불완전 · 고농도-설사, 구토, 복통, 탈수, 현기증, 무기력 유발 · 불쾌한 맛(떫은)	· 석회연화,이온 교 환, 응집, 여과 · 수처리(활성탄) · 여과필터장치
40. 염소이온　　　(기준치: 250mg/ℓ)　　(생체 필수원소)		
· 하수, 공장폐수 · 가성소다,염소,제설작업,무기비 료, 사업폐기물, 살균제 · 해안지역 해수침투, 해풍	· 불쾌한 맛(짠) · 설사 유발 · 심장병, 신장병 환자에게 유해	· 주위 오염원 차단 · 수처리(활성탄, 역 삼투막 등) · 여과필터장치 · 태양열증발정수
41. 증발잔류물　　　(기준치: 500mg/ℓ)		
· 지질적인 고경도수(※지하수>하 천수) · 하수, 공장폐수 · 부유물질, 용해성물질	· 불쾌한 맛(짠) · 설사 유발 · 금속(철관, 급수관)의 부식 유발 · 고농도 - 보일러관의 스케일 형성(관을 막아 폭발 우려)	· 물탱크 청소 · 수처리(오존 등) · 여과필터장치
42. 철　　　(기준치: 0.3mg/ℓ)　　(생체 필수원소)		
· 자연기원(토양, 암석에 다소 함유) · 건축물 골재, 기계, 선박 탄소강, 주철 · 광산 배수, 산성하천 황산 배출 · 급수관(철관)	· 색도 유발(0.3ppm↑)-녹물 원인 · 세탁물 착색 유발(0.3ppm↑)→적색 · 과다 섭취하면 설사, 구토 유발 · 불쾌한 맛(떫은)	· 응집,침전,여과 · 수처리(오존 등) · 여과 필터 장치 · 산화(폭기Cascade Aerator),접촉산화, 생물산화
43. 망간　　　(기준치: 0.05mg/ℓ)　　(생체 필수원소)		
· 자연기원(철과 공존, 화강암 지대) · 철강 제품 제조, 합금의 원료 · 이산화망간 건전지, 성냥, 유리 · 광산폐수, 공장폐수	· (급성) 복통, 심부전, 폐렴, 호흡기, 신경계 · (만성) 무기력, 떨림, 의식장애 · (장기간 반복 노출) 운동실조, 파킨슨병 · 미량 물색 유발, 관내 축적→흑수 · 불쾌한 맛(떫은)	· 염소산화→응집 · 침 전→급속망간사여과 · 산화,접촉여과, 이 온교환,미생물 · 수처리(오존, 활성탄)
44. 탁도　　　(기준치: 0.5NTU)		
· 강우 시 부유물질(진흙-특히 장 마철) (※ 지표수>지하수) · 지하수 여과사리 미설치 · 하수, 오수, 축산, 공장폐수 · 저장탱크 청소 미비	· (고농도) 설사 · 심미적 불쾌감, 물맛	· 양수(Pump)처리 · 여과, 응집, 침전 · 지하수공내청소 · 수처리(일라이트, 응집제, 활성탄)

항목 (먹는 물 기준치)		
검출 원인	인체에 미치는 영향	대책

45. 황산이온 (기준치: 200㎎/ℓ)

· 자연수(해수, 광천수, 유황 온천수)에 다소 함유 · 공장폐수, 빗물(산성우) · 비료, 화학약품, 염료, 비누, 섬유, 항균제, 살충제, 금속 도금산업, 가죽가공, 제련소, 응집제	· 고농도 – 불쾌한 맛(씀) · 설사, 탈수, 위장관 자극(600ppm↑) · 고농도–배수관, 철관 부식 · 불쾌한 냄새(계란 썩은 냄새)	· 폭기 · 주위 오염원 차단 · 증류장치 설치 · 여과장치 (이온교환수지)

46. 알루미늄 (기준치: 0.2㎎/ℓ) (생체 필수원소)

· 자연기원(토양, 암석에 다소 함유) · 공장폐수(캔, 잉크제조, 자동차, 항공) · 수처리과정(응집제–황산알루미늄, 폴리염화알루미늄)에서 용출	· 알츠하이머 질병(노인성치매) 유발(신경질환, 근육통, 언어장애, 경련)	· 이온 교환 수지 · 응집,침전,여과 · 오존처리

분원성 연쇄상구균

· 분변(사람, 동물)에 의한 오염의 지표 · 온혈동물의 장관계통에 서식 · 하수, 분변에 오염된 환경에 존재	· 직접적으로 질병을 일으키지 않음→건강에는 영향 없음 · 생식비뇨기계 감염증 유발(남자–노인, 여자–젊거나 중년)	· 분변오염원 차단 · 넓은 온도범위 증식 ※ 10~45℃ 발육

녹농균

· 자연계(토양, 하수, 오수)에 존재 · 피부 상처, 환자의 호흡기, 눈에 감염(병원, 수영장)	· 가장 넓은 감염 대상을 가진 기회성 병원균 · 소아 중이염, 수막염, 요도감염, 안질환 유발 · 폐질환 유발(※패혈증은 치사율 80%)	· 급배수관 세척 ※ 항생제 내성 강함 ※ 염소 내성 강함

살모넬라

· 농축산물(계란, 소 · 돼지 · 닭고기), 가공식품(우유, 초콜릿)의 섭취→분변에 오염된 환경에서 자란 재료로 만든 음식(사료, 비료) · 지하수, 지표수의 분변 오염	· 수인성 질병(장티푸스, 파라티푸스) · 식중독 유발 · 패혈증(설사, 고열)	· 급배수관 세척 · 분변오염원 차단 · 오존처리

쉬겔라

· 부적당하고 처리되지 않은 상수도 · 빈약한 위생시설, 인구과밀에 의한 직접 손 접촉 · 오염된 식품, 오염된 물의 공급	· 주로 여름철에 발생 · 사람(동물)의 장관계통에 서식 · 수인성 질병(세균성 이질)–발열, 복통, 설사, 구토	· 위생 처리시설 설치 · 폐수처리시설 설치 · 개인보건위생

아황산 환원 혐기성 포자 형성균

· 자연계(토양, 하수, 물)에 존재 · 사람(동물)의 장관계통에 서식 · 집단급식(※조리한 후 보관하였다가 먹는 음식)	· 수인성 질병(장티푸스, 파라티푸스) · 식중독 유발 – 복통, 설사	· 개인 보건위생 · 식습관 개선 · 위생상태 개선 ※염소소독, 가온 처리 내성

항목 (먹는 물 기준치)		
검출 원인	인체에 미치는 영향	대책
여시니아균		
· 가축(돼지), 야생동물(들쥐, 산토끼, 여우)의 장내 존재 · 오염된 음식, 오염된 물의 섭취 · 하수, 지표수의 분변 오염	· 설사를 동반한 급성위장염 유발 · 식중독 유발(※덜 익은 돼지고기 섭취) – 맹장염과 유사 · 관절, 혈액으로 침투 → 심각한 질병 유발(노인)	· 개인 보건위생 · 식품 가열, 조리, 보관 개선 · 염소소독, 오존처리

10.4 가정용 정수 관련 참고도서 및 사이트

개발도상국에서는 수질이 좋지 않은 물이지만, 가뭄이나 용수 부족으로 사용할 수밖에 없는 상황에 놓여 있는 경우가 많이 있다. 지하수 내에서 검출되는 주요 인자 중 대장균은 외부 오염원의 차단과 염소, 자외선 살균 등 다양한 소독 방법이 있다. 중금속 오염은 지질구조에 따라 다르게 발생하며, 물리적 여과 또는 화학적 처리법을 통해 제거할 수 있다. 그림 10.3은 정수 관련된 자료가 소개되는 홈페이지이고, 그림 10.4는 국제적십자사에서 발간된 가정용 정수처리 시스템에 관한 책자를 참고하면 유용할 것이다.

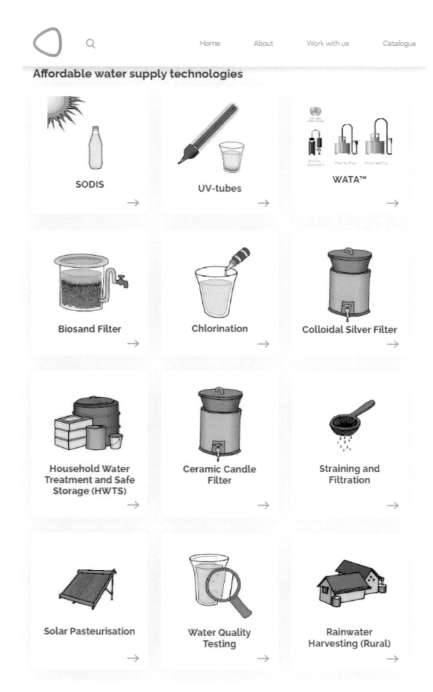

그림 10.3 SSWM 가정용 수처리 분야 참고 홈페이지

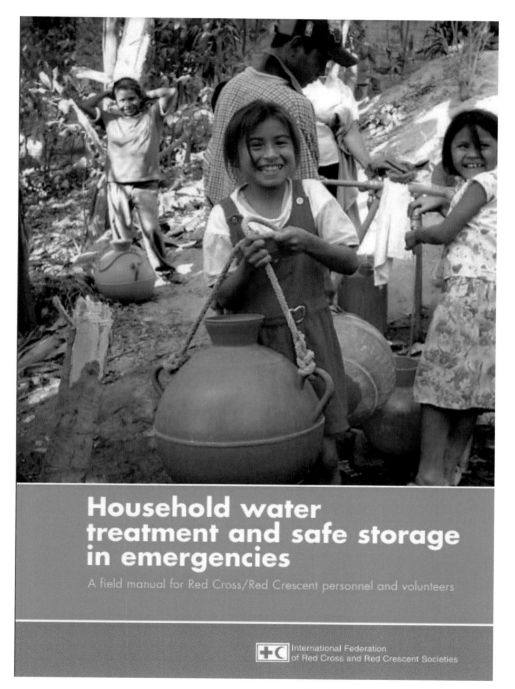

Household water
treatment and safe storage
in emergencies

A field manual for Red Cross/Red Crescent personnel and volunteers

International Federation
of Red Cross and Red Crescent Societies

그림 10.4 국제적십자사 가정용 수처리 및 보관에 관한 도서

참고문헌

Ⅰ. 개요

손주형, 2016, 개발도상국 식수 개발, 한국학술정보

KOICA, 2009, 케냐 타나강 용수공급 사업 보고서

CRS(Catholic Relief Services), 2009, Groundwater Development Technical paper

https://www.crs.org/sites/default/files/tools-research/groundwater-development-basic-concepts-for-expanding-crs-water-programs.pdf

Kerstin Danert, 2009, Hand Drilling Directory, RWSA

https://www.pseau.org/outils/ouvrages/rwsn_hand_drilling_directory_cost_effective_boreholes_2009.pdf

Seamus Collins, 2000, Hand-dug Shallow Wells, SKAT

https://skat.ch/wp-content/uploads/2017/01/Handbook_Volume5.pdf

Oxfam, 2000, Instruction manual for Hand Dug well Equipment, Oxfam Water Supply Scheme for Emergencies

http://policy-practice.oxfam.org.uk/publications/instruction-manual-for-hand-dug-well-equipment-126727

The SMART Centre Group, Borehole siting

https://smartcentregroup.com/wp-content/uploads/2021/03/Borehole-Siting_2019.pdf

The SMART Centre Group, Making VES equipment

https://www.smartcentrezambia.com/highlights/making-borehole-siting-machines/

John Gounld and Erik Nissen-Petersen, 1999, Rainwater Catchment Systems for Domestic Supply, Practical Action Publishing

Ⅱ. 오거 조사공

Kerstin Danert, 2006, WSP, RWSA, A Brief History of Hand Drilled Wells in Niger https://www.researchgate.net/publication/233697665_A_brief_history_of_hand-drilled_wells_in_Niger

Oxfam, 2000, Instruction manual for Hand Dug well Equipment, Oxfam Water Supply Scheme for
     Emergencies

https://policy-practice.oxfam.org/resources/instruction-manual-for-hand-dug-well-equipment-126727/

www.eijkelkamp.com

https://www.royaleijkelkamp.com/en-us/products/augers-samplers/soil-samplers/auger-accessories/

Ⅲ. 재래식 우물(Hand-dug well)

WaterAid, Technology note,

https://washmatters.wateraid.org/sites/g/files/jkxoof256/files/Technology%20notes.pdf

Oxfam, 2000, Instruction manual for Hand Dug Well Equipment

https://policy-practice.oxfam.org/resources/instruction-manual-for-hand-dug-well-equipment-126727/

Seamus Collins, 2000, SKAT, Hand-dug Shallow Wells

https://sswm.info/sites/default/files/reference_attachments/COLLINS%202000%20Hand%20Dug%20
     Shallow%20Wells.pdf

KOICA, 2010, 세네갈 식수개발사업 실시협의 결과보고서, 한국국제협력단

Ⅳ. 제팅(Jetting) 방식

lboro, 43. Simple drilling methods

https://www.lboro.ac.uk/media/wwwlboroacuk/external/content/research/wedc/pdfs/technicalbriefs/43%20
     -%20Simple%20drilling%20methods.pdf

Rober Vuik, 2010, Manual drilling series Jetting, PRACTICA Foundation

https://www.practica.org/wp-content/uploads/Manual-jetting.pdf

RWSA, 2013, EMAS Household Water Supply Technologies in Bolivia

https://tadeh.org/documentacion/SostenibilidadEMAS.pdf

Ⅴ. 타격(Percussion) 방식

lboro, 43. Simple drilling methods

https://www.lboro.ac.uk/media/wwwlboroacuk/external/content/research/wedc/pdfs/technicalbriefs/43%20

-%20Simple%20drilling%20methods.pdf

Rober Vuik, Dom de Koing, Arjen van der Wal, 2010, Manual drilling series Percussion, PRACTICA
Foundation

https://www.practica.org/wp-content/uploads/Manual-percussion.pdf

www.akvo.org

VI. 오거(Augering) 방식

lboro, 43. Simple drilling methods

https://www.lboro.ac.uk/media/wwwlboroacuk/external/content/research/wedc/pdfs/technicalbriefs/43%20
-%20Simple%20drilling%20methods.pdf

Julien Labas & Robert Vuik, 2010, Manual drilling series Augering, PRACTICA Foundation

https://www.practica.org/wp-content/uploads/Manual-augering.pdf

VII. 슬러징(Sludging)

lboro, 43. Simple drilling methods

https://www.lboro.ac.uk/media/wwwlboroacuk/external/content/research/wedc/pdfs/technicalbriefs/43%20
-%20Simple%20drilling%20methods.pdf

Arjen van der Wal & Rober Vuik, 2011, Manual drilling series Sludging, PRACTICA Foundation

https://www.practica.org/wp-content/uploads/Manual-sludging.pdf

IX. 지하수 개발 사례

ZAWA (Zanzibar Water Authority), Subira Munishi, Rapid Assessment of Zanzibar Groundwater Resources

https://zenodo.org/records/7989879

X. 수질기준

먹는 물 수질 감시 항목 운영 등에 관한 고시(환경부 고시 제2023-149호)

Guidelines for Drinking-water Quality, 2022, WHO(세계보건기구)

https://iris.who.int/bitstream/handle/10665/352532/9789240045064-eng.pdf

먹는 물 수질기준 및 규격 동향, 백영봉, 2003, 기술표준원
https://www.koreascience.or.kr/article/JAKO200344947874276.pdf
먹는 물 수질 감시 항목 운영 등에 관한 고시(환경부 고시 제2023-149호, 2023. 6. 30.)
먹는 샘물 등의 기준과 규격 및 표시 기준 고시(환경부 고시 제2024-99호, 2024. 5. 16.)
www.sswm.info : Sustainable Sanitation and Water Management

개발도상국
지하수 개발
Groundwater
Development

초판인쇄 2025년 02월 28일
초판발행 2025년 02월 28일

지은이 손주형
펴낸이 채종준
펴낸곳 한국학술정보(주)
주   소 경기도 파주시 회동길 230(문발동)
전   화 031-908-3181(대표)
팩   스 031-908-3189
투고문의 ksibook1@kstudy.com
등   록 제일산-115호(2000. 6. 19)

ISBN   979-11-7318-273-0 93540